大是文化

超業思維

想出十倍勝業績

心電圖成交法、負負得正法、併桌練習法……
亞洲賣車女王陳茹芬，贏十倍獨家觀念大公開！

亞洲賣車女王
陳茹芬——著
鄧文華——採訪撰文

經典語錄

6 不需要刻意討好所有人，要用自己的方式吸引可以認同你的人。

7 每個月的業績，沒有所謂的從零開始。你成交的、談過的每個客人，都是樁腳，怎麼會從零開始？

8 做業務的，講錯話會死嗎？來人啊拖出去，沒有嘛，但是你不講，連錯的機會都沒有。

9 有時候客人他不是真的要跟你殺價，他是享受殺價的感覺。

10 我以為地球很大，結果很小。每次我稍微做了一點好事，一下子就又轉回來了。

亞洲賣車女王

1 業務不用什麼都要比客人懂，當我的專業沒有比他厲害的時候，我就稱讚他的厲害。

2 當你什麼都說「我不會」的時候，你就不會有機會。

3 先營造快樂的生活圈，你自然就會有很多人脈。

4 做銷售不需要卑躬屈膝，業務員要有自命不凡的自我期許，我們賣東西給客人，是他的幸福。

5 經營人脈這件事，大家都會說要跟成功的人在一起。可是你有沒有想過：如果你不成功，誰要跟你在一起？

目錄

第四章

第五章

客戶關係管理兩要件：處理人、整理事 223

第六章

從頂尖業務到業務協理，我這樣帶超業團隊 257

推薦序一

你需要更多「真心、用心、初心」的業務特質

和泰產險副董事長／劉源森

最近有機會參加陳茹芬（娜娜）的講座，較諸三年前，她掌握全場一百二十分鐘的氣勢，更加成熟、強大，「叫我第一名」的能量感染了全部的學員，大家為之狂熱——這就是娜娜的魅力！

娜娜從「超級業務員」到「超級講師」再到「出書」，成就很不一樣的斜槓青年（她特別強調），讓她的人生更為精彩非凡。

第二本書《超業思維，想出十倍勝業績》保持她平易近人的特質，不用太多艱澀理論，集合了這幾年在各行各業演講中互動的心得重點，透過更多故事及案例深入分析，為銷售人員的業務難題與迷思解惑，再一次增強業務能量和

技巧。

本書中，我看到娜娜銷售女王特質的三個面向：

一、真心。

娜娜一直認為業務人員要誠實面對自己、面對自己選擇的工作，對人、對事都要真心以待，人脈自然會變多。誠如她說的：「不把客人『當作』朋友，他們『就是』朋友。」之間最大的差異，也就是那份真心。

同樣的，現在網路經營日益盛行，不管多少種 App 平臺，都只是機器而已，最要緊的還是人的「溫度」。網路平臺對娜娜來說，是讓客戶容易找到她的工具，而不是用來蒐集更多陌生客戶，這是與許多人見解不同的地方。

二、用心。

大家都知道，人脈就是錢脈，所以努力、拚命投資時間，以期增加人脈，卻忽略了時間管理與效益的重要性。

我很同意，娜娜說要讓客戶留下「好印象」，而不是「好像有印象」，讓客戶記住你、喜歡你。如果認同這個觀點，你就會確確實實的去思考，如何傳達心意又塑造好印象，像是送禮要送到心坎裡，否則花再多時間、金錢，亦是枉然無效。商談的技巧也是，首先要透過不同的話題，快速觀察了解客戶在意什麼、需要什麼，才能真正貼近客戶，讓人感受到你的用心。書裡處處展現出各種「懂人」訣竅，正是娜娜的強項之一。

三、初心。

做業務就是要賺到錢，我也常對公司營業主管及人員講：「靠殺價、低價搶奪業績誰不會，用大家都會的手段，最後只是殺紅眼的『紅海』！」這是業務員常常被客戶拒絕後，越來越沒自信所造成的結果。娜娜點出：業務的天性本就不怕失敗，被客戶拒絕是司空見慣。提醒各位業務員，客戶拒絕反而是給我們扭轉劣勢的機會，要找到拒絕的根因，而不是卡住甚至棄守。

所謂「負負得正」來轉換心情，自然會影響客戶，吸引到對的人，所以娜娜一直把自己視為顧客的「快樂販賣機」，這就是她從事業務的初心。

本書還有許多打通業務任督二脈的態度與技巧，可以讓想從事業務工作的你，開啟盡快成為銷售達人的一條捷徑。但就像娜娜所說，成功只有方法沒有SOP，需要仰賴讀者自己細心的領悟與活用。

感謝娜娜，也祝福她未來越來越精彩！

（本文作者劉源森，曾任國都汽車總經理，現為和泰產險副董事長。）

推薦序二

觀念決定結果

方勝磐石保險經紀中國區總經理／李恩守

和娜娜結緣的過程很有趣：還在臺灣擔任磐石保經業務長的時候，有天公司邀請她來對業務同仁演講，我本來有點事，基於主管職責，只是去看一下，沒想到覺得她的觀念很特別、現場能量又超強，竟然停下來到全部聽完，只得把原來排好的行程往後挪。此後，我和太太——磐石保經業務副總、合冠營運中心負責人何冠瑩——與娜娜成了無話不談的好友。

我原來從事金融業內勤工作，因緣際會轉做保險業務，本質個性比較內向一點，不像一般認知裡覺得業務要能言善道那種，很能感受內心的拉扯。我常比喻業務的心裡住著兩個人：一個是推你積極往前的白天使、一個是拉你偷懶走捷徑的黑天使，兩個都是你的一部分，需要覺察、行動和時間來調解，找到屬於自己的節奏。

我在娜娜身上看到調和自在的超業特質，自律性很高、拚命衝事業的白天使和喜歡喝酒玩樂的黑天使，彼此相處得很融洽，不需要戴好幾個面具，因此隨時看到她都是電力滿滿、待人大方溫暖的狀態，這樣的人賣什麼都通。

長期帶領團隊，甚至到北京組建團隊面向整個中國大陸市場，我對這本書第六章提到「部屬一定有強弱，用法大不同」感觸很深。能當上主管的，通常有相當程度功夫，大區域主管更是如此，不過拿著自己的尺去衡量每個人，只會不滿不滿再不滿，最後讓自己一肚子氣。當老師的講究因材施教，當主管的如果能做到因材而用，像孟嘗君食客三千，用人取長避短，對組織、對主管自己都好。

再來，讀到第四章「還好＋幸好，心情跟著好」，我跟著笑出來了。大家可能不知道，被稱為車神的娜娜，時常掉東掉西，每次演講登臺前後，光手機就不知道可以掉幾次，換成是我一定很緊張，可是她卻不太放在心上，自嘲再買一支就好。書裡講「情緒沒有最大或最小，解決掉就是小的」是很有意思的觀念，聽起來簡單，做起來很難，做業務或日常生活能練習到這個程度，情緒不會為了外在人事物起起伏伏，格局自然放大。

有人說觀念決定態度，態度決定行為，行為形成習慣，習慣形成個性，個性決定命運；也就是起頭的觀念往往決定了最後結果，所以好的業務單位在養成專業知識、磨練對應話術之外，會很重視同仁的「觀念」是什麼。超業娜娜將二十二年來屢破紀錄所淬鍊出來的觀念，用一個個實例故事分享出來，毫不藏私，有些比我們平常聊的還仔細，套句綜藝哏，完全是佛心來著。

（本文作者李恩守，現任方勝磐石保險經紀中國區總經理，連續十三年拿下TOT（壽險理財專業人士最高組織MDRT的最高等級——頂尖會員，表示業績達最佳層級的標準）資格，曾一年達成十個TOT業績。）

推薦序三

真心，走得更久遠

NPG集團創辦人兼主席／拿督 彭建偉（Dato' Norman Pang）

讀了娜娜這本書，不只教怎麼做銷售，更在教怎麼做人，以真心誠意去對待每個和你接觸的人，不管是不是和業績直接有關。

裡面講到一個觀念，我很有共鳴：客人「就是」朋友，沒有當不當這回事，用「當」的心態就假了，自己戴上面具，別人一定感受得到。對客人如對朋友，同樣用心、同樣分享價值和資源，自然而然客人會源源不斷。這個道理容易懂卻不容易做，五個、十個還可以，可是你想像娜娜這樣賣了八千多輛車的業務，每天要面對多少人，要保持同樣的心態二十多年，難度有多高？

我時常講「生命沒有Take 2」，也就是人生沒有「如果」、更無法重來，唯有思維可以重新彩排。很多人談業務喜歡講話術設計、畫商業模式，這些重要歸重要，但只占一部分，我更看重一個人怎麼「想」，因為怎麼想決定了怎麼做、怎麼做決定了結果怎麼樣。娜娜思維裡的真心和我的生命沒有 Take 2，都是誠實面對自己，可說異曲同工，很合拍。

我們是在一家小酒館經朋友介紹認識的，第一次碰面，她就熱情的分享二十多年來如何堅持、用什麼思維和方法來超越世俗眼光，把事情做得更好，知無不言、言無不盡，讓人強烈感受到那股積極、充滿活力、不服輸的態度，令我有相見恨晚的感覺。

還有一點，不管環境怎麼樣，她總是沒有藉口、使命必達，好比明明不缺一輛車的業績，卻跑客人到三更半夜，只為了達到老闆的目標，我笑她說比軍人還像軍人。又好比二〇二〇年，全球都受到新冠肺炎（COVID-19）影響，臺灣還相對輕喔，像新馬、歐美、日本都很嚴重，我在 Facebook 上講：「疫情全世界都一樣，你要跟別人不同的話，得想不一樣的事情出來。」道理都知道，然而心理上、想法上、成績上真的實踐出來，確實要一番功夫，但娜娜做到了。我看她在疫情期間照樣第一名，成交的車子還是那麼多，太佩服了！

我認為信念是一切力量的泉源，很多時候你還沒拚盡全力，怎麼知道沒有奇蹟？當你動搖的時候、想要新想法的時候、企圖更上一層的時候，都可以打開這本書，從娜娜的觀念裡得到能量。祝福你，即將和娜娜一樣，創造十倍勝的成績！

（本文作者彭建偉，現任馬來西亞NPG集團創辦人兼主席，稱號「拿督」常見於馬來西亞、印尼和汶萊，乃是對有地位和崇高名望者的尊稱。曾獲大馬十大傑出青年、世界傑出名人榜「非凡成就獎」、最佳亞洲企業「壽險界超級偶像獎」、馬來西亞紀錄大全「全馬華裔領袖殿堂級人物」等獎項。著有《一億人生》、《二億組織》、《三億傳奇》等書。）

推薦序四

學習世界級的信念、策略和做法

佳興成長營創辦人／黃佳興

認識娜娜，是二〇一四年二月她登上《蘋果日報》後沒多久，到出這本書的二〇二〇年，一路看她的銷售總量由六千多輛、七千多輛，再到超過八千八百輛，真是太驚人了！對比總銷一萬三千零一輛、締造金氏世界紀錄的業務天王喬・吉拉德（Joe Gerard, 1928-2019），還原人口數和時空背景，娜娜的成績達到世界級水準，有資格和喬・吉拉德平起平坐。論其原因，來自她的信念：沒有能不能，只有要不要！

我在培訓課程裡常說，業務最重要的三件事就是開發、成交、服務延伸，這本書七個章節完全帶到而且扎實，不只將每個單項操練到極致，還用「大水庫」策略做總調度，將這幾個環節串接起來，每做一件事就發揮多種周邊效益，非常有效率。落到做法上，以書裡提到的車牌為例，既做到出乎意料的驚喜，先達成高滿意度、形塑好口碑，同時給了客人好話題，再變成親朋好友們的詢問點，為下一筆訂單鋪路。教同事也是，書裡的小凱學到重新分配資源的觀念，不糾結在打折上面，改將要降價的錢拿來投資到新客戶身上，賺業績又賺人脈。

做業務、做事業，努力是基本，「觀念」才是勝出關鍵。

一般人說好書要作為案頭書，意思是放在書桌前方便查找，我強烈建議娜娜這本書至少要買兩本，一本放家裡、一本放公司或帶在身上，讀個三遍、五遍、十遍，想商業模式的時候、處理情緒的時候、帶領團隊的時候……隨時刺激不一樣的想法。其中，我很喜歡第七章裡面「畫三個圓，成就更好的自己」這節，展開任何方法之前，都別忘了「我是誰」，以最好的自己為圓心，才能做出讓自己都樂意買單的決策。

娜娜雖然在事業上很「殺」，實際卻是一個真性情的人，坦率自然、表裡如一，更能讓獨特的信念、策略和做法，發揮十倍勝的力量。

世上好書不多，我誠心推薦娜娜這本書，值得反覆閱讀，更希望讓全華人、全世界看到這位超級好朋友的作品。能認識娜娜，近身與世界級超業交流，是我畢生的榮幸！

（本文作者黃佳興，為「佳興成長營」創辦人，帶領破百人培訓團隊，被譽為達成目標之神，亞洲巡迴演講場次突破兩千七百場，一對一諮詢場次突破三千五百場，所影響學員高達十五萬人次。著有《幸福競爭力》、有聲書《幸福競爭力——七大策略》及《超級業務——六大能力》。）

自序

銷售道理百百通，賣什麼都能通

大家好，我是娜娜。

這個外號「娜娜」，是我剛入行沒多久取的。原因來自茹芬的「茹」不大好認，還有人念成香菇的菇，叫我陳菇芬，差點暈倒！我當時想取個好念好記的外號，剛好廣告車經過，播放不知哪首歌曲唱著「nana nana……nana nana……」，感覺很順，乾脆就叫娜娜。這名字讓人琅琅上口，客人一次就記住，為我的業務生涯加分很多，不用算筆畫就帶財，所以我現在也常告訴別人，**要為自己取個順口的名字或外號，方便別人記住你。**

二〇一三年，我達成年銷七百零三輛車，是業界平均一年賣七十輛的十倍。隔年，我上了《蘋果日報》頭條新聞，開始受到媒體和企業的關注，連東森、華視、民視、三立新聞都來採訪報導。

許多人在報紙和網路上，看到我曾創下一年賣出七百零三輛車的驚人紀錄，最好奇我是怎麼做到、以及什麼背景出身？實際上，我的背景很簡單。爸爸是理髮師、媽媽是工廠女工，很平凡的小康家庭，跟業務銷售完全無關。會進入 TOYOTA，竟是出自一樁烏龍事件，只是沒想到這個烏龍，意外成就了我日後的各項第一……。

有天，我在報上看到一家很有規模的房仲公司在徵業務，於是特地穿上新買的套裝，比預定時間早一小時抵達面試會場，並利用等待時間，反覆讀了幾十遍履歷，不斷模擬面試時的問答情境，希望能一次就被錄取。

等了兩個鐘頭，好不容易輪到我。我暗自深呼吸一口氣，展開最美的笑容要開始面談，沒想到面試官第一句話就是：「陳小姐，不好意思，妳的學歷不符合我們要的大學資格喔。」

結果，我原本燦爛的笑容，瞬間變成有點尷尬的微笑，只能跟面試官說：「沒關係，謝謝。」再踩著嶄新的高跟鞋走出會場。

想到這段時間以來的全心準備，卻被一口回絕，要說不灰心挫折，那絕對是騙人的。但這次的挫折，更堅定了我一定要做業務的決心。

之後，我每天更用力的盯著報紙的徵人廣告。終於，又被我等到了機會。當時，TOYOTA和另一家汽車公司都在徵業務，這回我仔細看了學歷條件，確認沒有特殊限制，就工工整整的寫好兩份履歷，分別裝入兩個不同信封寄出去。第一個星期，沒有回音，苦等到第二個星期，電話來了。

對方：「請問陳茹芬小姐在嗎？」

我：「你好，我是。」

對方：「我們這裡是TOYOTA，請問……」

對方話還沒講完，我就急著推銷自己，想趕快爭取到這個機會，連忙開口道：「喔，我們家就是TOYOTA的忠實客戶，你們的車省油又好開，不只我們家，連我叔叔都很喜歡。」

對方：「可是，妳履歷裡面寫的是，妳想應徵另一家汽車公司。」

我：「啊，真的嗎？一定是我太想進你們公司，急忙之中裝錯了，真是不好意思！」

不曉得是這積極的態度，或是我當下機伶的反應打動了對方，總之他們願意先把裝錯信的烏龍擺一邊，給我面談的機會。豈料，這次我又出糗了。

面談過程很順利，協理面試官要我去新莊所報到，我卻一直說老家住萬華，若安排我到萬華所，便能藉地緣之便，可以每天最早到、最晚走，多為公司打拚三小時。

我當下講了一拖拉庫，企圖說服協理，講到他都有點生氣了，直截了當的要我去新莊，弄得在場的其他面試官都很尷尬，偷偷暗示要我別再囉嗦，我這才死心。當時覺得怪怪的，都是自家公司，為什麼協理偏愛新莊？

後來我才搞清楚，開職缺的是經銷商國都，新莊所隸屬國都體系，而我大力爭取的萬華所，則是屬於另一個經銷體系。真感謝協理有耐心，聽我這個只會踩油門猛衝的新人大放厥詞，還願意錄取我。

幸好，我日後的表現沒讓協理丟臉，報到第三天就開市，賣出我生平第一輛車。之後年年成長，到了二〇一三年結算年度銷售量，我竟然賣出了七百零三輛車。

二〇一六年，我出版第一本書《賣車女王十倍勝的業務絕學》之後，接到很多演講邀約，讓我有機會把自己的業務心得傳遞給更多人，這份成就感，和做業績一樣令人開心。更高興的是，很多人在看了書、聽了演講後傳訊息給我，或在「娜娜陳」（舊稱賣車女王陳娜娜）粉絲專頁留言，表示受到激勵、學了技巧，業績有明顯進步。甚至，我在演講時和企業學員現場約定「今年業績有進步，明年我再來」，結果大家真的克服萬難達成目標，我也按照約定再去演講。還有電信、房仲、保險、醫美、藥廠、美妝、家電、網路、貿易、廣告、設計……許多不同產業的學員，都說不只工作態度受到影響，更重要的是，原來「觀念」可以這樣想。

想法改變了，做法就會變；做法變了，成績才會跳級。讀者、學員的回饋，證明我在第一本書說的業務銷售道理相通，**不只賣車，賣什麼都一樣**。

我在二〇一三年創下年銷七百零三輛車的紀錄後，二〇一六年七月再創月銷一百零二輛車的新紀錄；二〇二〇年新冠肺炎期間，我照樣拿到全經銷商競賽第一名，一直保持前進的動力，**生涯累計總銷破八千八百輛車**，為TOYOTA在臺灣第一名。這本書講的，不只我在這幾年持續拿到第一名的態度和技巧，還有到各行各業去，回應學員在業務實戰中的疑難雜症，例如殺價、網路比價、對應高階族群、愛聊卻不簽的客戶等等。

本書取名《超業思維，想出十倍勝業績》，就是期待能打破像是「業務員要委曲求全」、「默默付出等待被人發現」、「帶團隊要人人都強」、「網路對實體是威脅」之類的迷思，翻轉成「業務員要順性而為」、「你的好要讓客人知道」、「帶團隊要做不同對待」、「網路是銷售的戰友」，像武俠小說講的，打通在網路時代做業務的任督二脈，幫助更多朋友開心工作，快樂生活。

「娜娜陳」
粉絲專頁

《蘋果日報》
動新聞報導

第一章

賣車女王的超業思維

1 我的時間管理，從「控制賴床」開始

有沒有看過這樣的業務：明明是星期一了，心還在放假卻不得不來上班，早會前灌幾杯咖啡都醒不來。星期二，好不容易進入狀況，結果只持續到星期四。星期五早上起床，眼睛才睜開就準備要放假，心又飛走了。

先不管星期六、日值不值班，光是平日這五天，有心在工作上的日子實際只有三天，等於只用了六〇％的時間，就算你「戰鬥力」一〇〇％，以戰鬥力乘以時間，也只能得到六〇％的成效而已。再說，你覺得會有人天天保持一〇〇％的戰鬥力嗎？

業務員的戰鬥力來自「態度×技巧」，總體表現可以用一個公式來看：

業績＝態度×技巧×時間

記住，是乘法不是加法喔，意思是任何一個因素，都能倍增或倍減績效。比方說一個業務態度很積極，常常請教表現好的人，而且利用上班以外的時間多跑客戶，就算技巧不夠熟練，但這種人只要給他一小段時間，通常就能看到業績往上。

反過來說，有些老業務技巧很熟，可是沒鬥志，時常覺得公司這個不好那個不對、網路時代怎麼都跟以前不一樣，整天抱怨東抱怨西。這種人畢竟有點人脈，偶爾會抓到一點機會，業績微微高低起伏一下。如果是菜鳥業務，沒技巧又沒人脈，差不多每天在生死存亡邊緣掙扎。

我以前做過很多工作，端盤子、工廠小工、助選員、行政助理……太多太多，直到一九九七年進入TOYOTA，做了我第一份業務工作，一路到現在。能在亞洲甚至全世界有點成績，**「態度」是最重要的基礎**。因為技巧可以學，練一次不會，練五十次也會；時間你要它停也停不了，只會不斷累積，看累積快還慢而已；唯獨態度，有的人本來就有，有人要撞牆了才開始思考哪裡不對，也有人撞得頭破血流還是不願意改變。

那麼，「態度」既然這麼重要，它到底是什麼？可以培養嗎？要怎麼培養？我會從這幾方面來說：

一、作息時間。
二、業務自覺。
三、經營格局。
四、誠實面對自己。

每天跟自己約好時間，賴床也快樂

演講的時候，我會展示左頁這兩張手機裡的截圖，問大家：「有人用這麼多鬧鐘的嗎？還是更多？」發現蠻多人也這樣

學很多銷售技巧，
業績就會好。
迷思
有「對的態度」，更能
吸收所學、充分發揮！

設了一堆。再往下問設這麼多鬧鐘的原因，幾乎都是「因為起不來，所以要一直叫」，甚至還有人設到十二個的！

很多事情，表面上看起來差不多，可是「起心動念」不一樣，做起來的效果也完全不同。好比這十個鬧鐘，我不是因為演講、寫書，才臨時弄給大家看，而是每天固定的作息就這樣，做了不知道多少年。

先問一個問題：「你覺

▲ 時間管理從每天作息開始——我一早就設定十個鬧鐘。

得我這樣的頂尖業務會賴床嗎？」

演講裡，沒有例外，每一場說「不會」的聲音，都遠遠超過說「會」的。

很高興我的形象這樣正面，可是不要忘記，我也是人，賴床這麼快樂的事，怎麼不做？對照這兩張圖，我每天早上是這樣開始的：

- **6:20**：鬧鐘叫第一次。
- **6:20～6:30**：這10分鐘要做什麼？對，賴床。我連賴床的時間都在掌握之內，既享受到賴床的爽快，又不會一直賴下去。因為已經習慣，所以差不多8分鐘就會醒來。
- **6:30～6:40**：上廁所。這時候先打開手機，掃一下公司群組的重要訊息，然後打開「講中文」的熱門劇，主要用聽的。
- **6:40～6:50**：刷牙、敷面膜。
- **6:50～7:00**：擦乳液。
- **7:00～7:10**：卸面膜、再完整洗臉、擦保養品。
- **7:10～7:25**：穿制服、化妝、整理全身上下。
- **7:25～7:30**：挑選眼鏡、耳環、手錶、戒指等配件。
- **7:30～7:38**：最後檢查一遍，確認有沒有東西要帶到公司。
- **7:38～7:50**：拜拜；一邊吃早餐，一邊瀏覽重要新聞；我都是在家吃完早餐才出門，不匆匆忙忙，最晚一定在7:50上車，前往公司。

有的人賴床賴到快往生，終於不得不起床去上班，每天都弄得自己很狼狽。有的人更奇妙，自己都顧不好了，還要幫學長姐買早餐，一手拿安全帽、一手拎早餐，手忙腳亂趕最後一秒鐘打卡。你看過哪個成功人士是這樣的嗎？

人生不要硬撐，要用快樂的事搭配辛苦的事

我是人，不是聖人，在惰性方面跟大家都一樣，只是懂得**「用一件快樂的事去搭配辛苦的事」**。

在第一本書裡，我曾提到我的瘦身經驗，就是「享受痛的快感」來慢慢增加每天仰臥起坐的次數，三、四個月下來，總共瘦了五公斤。這種態度放到作息管理也一樣，像這樣我的十分鐘時間控管賴到床了、也追到劇了，更是已經「暖好機」，早早就到公司，優雅的開始一天行程，跟客人、同事要聊什麼都有話題，一大早就有滿滿能量。

我從菜鳥時期就保持穩定作息，每天提早四十分鐘到公司，比起其他趕打

卡的，一天差四十分鐘、一年上班算整數兩百天就好，二十年下來，你看差多少？人是習慣的動物，**一旦你從不習慣到習慣，就會得到後面的成果**。

晚上也一樣喔，不管工作或玩樂，該做的事都照表操課。像我有在做「棒式運動」練核心肌群，就用手機設定時間，接著打開韓劇看我的李敏鎬，邊做運動邊追劇；看著我最愛的歐巴李敏鎬，兩隻手臂一直抖抖抖，卻從沒感覺到苦。像這樣用一件快樂的事去搭配辛苦的事，才容易持久，要不然每天咬牙切齒跟自己喊堅持，是能喊多久？

我很注重「每天跟自己約好」這件事，作息、運動、工作都一樣，不用把目標設得多偉大，最重要的是**在能力範圍內持續做下去**。你可以試試每天早上在床邊蹲下、站起來，做個十次就好，很簡單對不對？看看可以連續做幾天？

2 大聲、重複講目標，做不到也沒關係

有沒有想過自己為什麼要來做業務？

我在演講場合上有時會問這個問題，最常得到的答案是「做業務比較自由」、「喜歡交朋友」、「喜歡該產品或服務」、「喜歡錢」。這些都是對的，不過我會故意開玩笑說，喜歡交朋友的應該去做志工，會認識更多人；覺得比較自由或喜歡錢的，先問問自己目前有賺到錢嗎；喜歡該產品或服務的，好比說車子好了，應該去研究汽車而不是賣車。

如果你做過幾年業務，認識幾個不同行業的業務朋友，有沒有發現，業務是門檻最低的工作之一？換句話說，很多人是因為「不知道要死去哪裡」才跑來做業務的。

我講話這麼直，是因為這是我自己的親身經歷：高中雖然念北一女，但後

來念得亂七八糟，大學又沒畢業，學歷只算高中普通科。沒有傲人學歷、沒有一技之長，做過幾份助理工作後，很多人都說我愛講話，怎麼不去做業務？

誠實面對自己、認清工作，享受家常便飯

基於做業務門檻很低，我還蠻順利就進到這個圈子裡了。要說和別人有哪裡不同，大概是我很清楚自己沒有其他專業，非常珍惜這個機會，每天都超級認真。

「誠實面對自己」以後，接下來要對自己從事的工作有基本理解，比方說身為公車司機，每天都要碰到塞車，如果一碰到塞車就抓狂，那我勸你早點換跑道。同樣的，業務員很少會碰到一來就說我要買、請趕快帶我去結帳的客人，如果你的期待是這樣，我也勸你早點換跑道。

好客人一定有，可是被客人拒絕、要和同事競賽，這些都算家常便飯，既然是家常便飯，就要想一個對應它的方法，心情才不會起起落落。**每個人都是**

有選擇的，你可以選擇打敗它，也可以選擇繼續抱怨，然後被它打敗。

舉個例子，對於業務之間大大小小的競賽，你用什麼心態來看待？很多人說「壓力很大」、「怕做不到」，這些很正常。不過我的態度反過來，想的是「真好，公司又要送錢給我了」，而且到處跟別人講我的目標，讓越多人知道我在衝業績，才會有越多人來幫忙。

下圖是我在二〇一六年七月十九日發布的臉書貼文，宣告單月要做一百輛業績。這個目標有多高？這樣說吧，在整個和泰汽車體系，年銷一百輛就可以登

娜娜陳 覺得熱血——和徐秀昌在 TOYOTA新莊營業所。
2016年7月19日 · 台北市 ·
※娜娜挑戰目標~本月100台（台灣個人單月最高銷售紀錄）※
人生就是要不斷地超越自己，勇敢地把目標告訴所有人，然後朝目標勇往直前，《沒有能不能只有要不要》~共勉
請大家幫娜娜加持唷~
念力無敵，娜娜必達
決心
娜姐本月力拚
銷售100台

▲ 我不只在公司裡宣告目標，還在網路上請大家告訴大家。

上年度表揚的舞臺接受頒獎，也就是說，我要用一個月去做到績優業務一年的量。而我在二〇一三年創下年銷七百零三輛的紀錄時，其中最高月銷九十輛，在業界已經是不可能的任務，現在要再超越一成，比不可能更不可能！

大競賽、小競賽都是自我挑戰，要挑戰首先得誠實面對自己，找到內在動力，像軍人講的「為誰而戰、為何而戰」。

有目標就是要大聲說出來！

講到這裡，要先把時間軸拉回二〇一四年上《蘋果日報》頭條新聞之前，當時我的年銷數字一直保持在四、五百輛，已經常拿第一名。由於和泰汽車是日系公司，以往的老闆作風低調，外界並不知道我們這些績優業務的名字。後來，和泰副總劉源森先生（就是上頁貼文照片中我右手搭著的那位）調到國都汽車兼任總經理，行事風格和前幾任總經理不同，允許我接受媒體採訪，讓我從單純的業務員變成有一點社會知名度，是我生命中的貴人。

二〇一六年，和泰併購蘇黎世產險，預計隔年調劉總擔任新公司「和泰產險」副董事長，我聽到消息以後，一來祝福他高升，二來想在他調任之前，送一個禮物給他表示感謝。但送高階長官禮物很難，我怎麼都想不到合適的，最後決定在國曆七月售出一百輛車，把這個「新紀錄」作為禮物，答謝他的栽培和指導。

貼文日期七月十九日那天，劉總請我和徐副總（照片最左，戴眼鏡）、新莊所當時的柯所長（照片最右）等幾位長官吃飯的時候，我的進度來到大約六十輛，要在不到兩個星期內再追四十輛——不是簽約付訂金就可以喔，我們要「領牌」才算

迷思
不要跟別人講目標，做不到才不會被笑。
大聲宣告目標，才會有更多人來幫你！

業績，時間其實非常緊。副總一直問我會不會做到，我回答：「當然會！」

如果你問壓力大不大、會不會怕——我是人，當然會有壓力。可是就像前面說的，因為**清楚「為誰而戰、為何而戰」**，我知道是為了報恩，同時也給自己新挑戰，**使壓力變推力**，那段時間總是卯足二〇〇%的力氣去想怎麼做到。最後很幸運的，我在沒有壓單、七月前每個月都正常交業績的狀況下，於七月三十一日總計賣出一百零二輛，不用搞小動作就締造了新紀錄。整個過程超級無敵累，忙到快死掉了，但是收穫也超級無敵大。

從這次經驗中，我有幾個心得跟大家分享：

一、**要「衝一波」絕不能靠一時熱血，要靠布局**。我從一月開始就對成交的客人說：「我七月要賣一百輛，你身邊有親朋好友要換車、買車的，一定要找我。」累積前六個月的口碑擴散，七月才有機會收網。

二、**大聲宣告目標，別人才知道你要做什麼**。除非你做人很失敗，都沒有人願意幫你，要不然一百個客人、朋友裡面，多多少少有五個、十個、二十個會幫忙，傳播開來就是力量。

三、很多人會擔心：「講出去以後，做不到怎麼辦？」我的回答是：**你應該要去想怎麼做到**。全力衝刺都沒時間了，怎麼還有空去想做不到怎麼辦！

四、做不到會少塊肉嗎？還是老闆會咬你？以這個一百輛為例，你覺得我喊出來就一定會做到嗎？如果做不到一百輛，好歹會有個八、九十輛吧，是不是比我原來每個月平均五、六十輛多出一大段？這樣得到最大利益的還是我，怕什麼？我常說**「不怕最大」，你越不怕，你的競爭對手就會越害怕**。記得前一節講的公式「業績＝態度×技巧×時間」嗎？當態度積極起來，業績一定會越來越好。

3 大水庫理論，讓我月月拿冠軍

世界上沒有什麼事情不會變，像以前在銀行做櫃檯只要收件、蓋章、跑流程，結果現在也要做起業務賣保險。

再比如賣3C的，以前介紹規格和報價就能賣東西，現在網路這麼發達，規格和價錢一查就有，網購還有七天鑑賞期可以免費退貨，店員自然得學會怎麼跟客人聊生活、用「客人聽得懂的話」講產品，好不容易才能成交。還有賣手機的，也要賣周邊配件、電器、電動機車……你怎麼知道哪天，老闆不會要大家在店門口擺個架子賣燒烤？

從進公司第一天起，我就沒把自己當成單純的業務員，而是**用「經銷商」的格局在經營**。你看喔，公司蓋這麼漂亮的展示間，有裝潢、有冷氣、有辦公設備，還要僱用做行政的內勤同仁，再加上偶爾打打媒體廣告、找老師來做教育訓練，這些全部都是錢！而業務在做的事情，等於不花半毛成本向公司批貨來賣，是不是像無本生意一樣？

一般業務不會做的事：在意庫存

當心態設定成「不花半毛成本向公司批貨來賣」，連帶會影響每天該做的事，以及待人接物的情緒。

比方說我從入行到現在超過二十年，每天一定看車輛動態表。這個表相當於一般公司裡的「**在庫品項清單**」。作為經銷商，你必須帶著清楚的頭腦，才有辦法跟客戶對應，假如他今天要買的產品有缺，

你才知道要抓什麼接近的品項來賣；或者反過來，在庫品項有多，是不是要先想辦法把它們趕快賣掉，以免變成影響周轉的庫存？

光是每天看、而且要記住在庫品項，就有很多業務不會這樣做，更不要說會主動幫公司處理庫存。但**作為經銷商，公司的庫存就是我的庫存**，所以有時看到某些品項的庫存量比較多，我會主動用力銷售，甚至貼錢辦活動。

這個做法表面上讓我虧錢，實際上後來反而賺錢，原因是總公司也是每天跑報表，當他們觀察一段時間，發現某些品項庫存量偏高，就會設定一段時間辦小型競賽，給業務們比平常好一點點的佣金來推。

由於我總是走在公司政策前面，先前所賣的量通常會落在回溯期間內，而大多數人在政策公布以後才想怎麼賣時，我早已經摸熟這些品項的賣法，一來一往，拿賺的補貼的，總和還是賺。所以我常說：「我以為地球很大，結果很小。我每次稍微做一點好事，一下子就轉回來了。」

這方法我沒有藏私，常主動分享，不過能做到的人很少。這就牽涉到對「錢」與「人」的觀念，都要用經銷商的格局來看待。

對錢要有「大水庫」觀念

錢的方面，要有「大水庫」的觀念。拿投資來講，世界上沒有人是每筆單都賺錢的，一定有賺有賠，最後賺的多過賠的就好；賣東西也一樣，**有時候多賺、有時候少賺、有時候貼一點給客人，加總起來賺比賠還多就好。**

這裡面還有個細節，就是多賺少賺不一定來自同個地方。以賣車來說，除了新車本身，還有配件、保險、分期付款、二手車等都是收入。做美容、賣手機、賣保險、做房仲……很多都一樣，你不會只賣一種產品，所以永遠有截長補短的空間。

每張訂單都要賺，
不能賠。
迷思
要賺也要偶爾讓利，用
「大水庫」宏觀調控！

然後，這樣做「大水庫」規畫：

一、**把可以賺錢的來源**都列出來，再抓出每一項的**獎金率**。例如賣一件A產品賺多少、B產品賺多少……逐一列出來，隨時記得手上有哪些籌碼。

二、把**過去一年的收入**抓出來，看看是由哪幾項組成的，這幾項又各占多少比例。

三、**預計接下來的收入**要多少，一樣從這些項目來嗎？還是要增加管道？

四、就算組成項目和原來一樣也沒關係，那麼**組成的比例**要變嗎？

我才不把客戶當朋友，客人「就是」朋友

人的方面，最常聽到要把客戶「當」朋友，但你有沒有想過，你會把學生時代的同學「當」朋友嗎？

對我來說，上班和下班是一樣的、在臺上和在臺下也是一樣的，客人就是

朋友，朋友也可以是客人，沒有當不當這種事。因為你心裡只要一有「當」這個想法，就會戴上面具；一旦戴上面具，就會變得過度客套，像是「○先生，我跟您報告一下」，你會這樣跟朋友講話嗎？

這不代表我沒禮貌喔，對人禮貌、尊重是基本，可是不用太客套，一客套距離就拉遠了。

其次，是**在商談過程中就要對對方留下印象**，不管有沒有成交，都要做好這些「朋友」的名單管理，除了公司要我們記錄的基本資料，還有聊天中觀察到的個人特徵、偏好等等，都要記起來。不用刻意挑生日，平常偶爾就可以打去聊幾句，或

者看到什麼和他有關的資訊，傳個LINE分享一下，都是維繫關係的方法。

重點是，這些**人脈都是自己的**，就算沒有轉換跑道，你怎麼知道哪天公司不會要我們賣其他東西，這麼臨時上哪找客人？像我們有時候活動會搭贈電視、掃地機器人、吹風機，有的客人說要把贈品的錢扣掉，我還要找喜歡3C的朋友來買，幫公司做資源調配。即使做這些事情並沒有另外算業績，可是我反而借力使力，讓買車的得到折扣，又「找個藉口」跟喜歡3C的朋友再連結一次，同時減輕公司負擔，三贏！

4 誠實面對困境，老天爺才會知道如何幫你

做業務，當然希望業績越高越好，所以許多人忙著「social」，應酬到把面具當面孔，連自己是誰都忘了。

靈活是對的，可是要記得你不是只做一天業務，再會演，演久了也會累，這就是有些業務才做幾年就沒力的原因之一。士氣一掉，短期內沒補上來，接著就陷入低潮。

和業務技巧比起來，更多人好奇我做了二十多年，為什麼還一直保持高昂鬥志，穩定達成超過一般業務十倍以上的目標？原因很簡單卻也不簡單——因為我始終誠實的面對自己，不用一天換十八個面具，每天都過得很快樂。

我說「做快樂的事不會累」，不一定是指多高的業績，光是不用戴面具、誠實做自己，就很容易感到快樂。

享受日常達標樂趣，將優秀養成習慣

對於自我，**我永遠誠實的面對想要第一名的嚮往**，認為「優秀是一種習慣」，只要站上臺一次，就不會想下來。所以我從很菜的時候，每次上臺領獎，都會在和長官握手時輕聲的說：「老闆，你明年還會看到我！」這是對公司的承諾，更是對自己的承諾。

在業務單位，你會看到很多人心裡面明明很想第一，又不敢講出來；這樣就算了，有的還搬「老二哲學」出來，覺得不要霸氣外露比較好。這時候如果有支「心聲麥克風」伸過去，你會聽到他真正的想法是很想拿第一，卻像前面說過的不敢宣告目標，怕做不到被笑，所以乾脆催眠自己不要拿第一。

想要什麼就直接表達，做不到有什麼關係？沒人規定你馬上要第一，下個月第一、今年底第一、明年第一……不行嗎？重點是講出來，沒有騙自己。

這種直接，不只表現在工作上，生活上更是如此。例如有一次到臺南演講，我跟企業內訓的學員說，到臺南就好想吃蒸肉圓，等下演講完要去吃。講師們這樣說，通常是一種跟臺下對頻的技巧，也就是跟聽者對上頻率來拉近彼此距離。但我是真的想吃，講完了馬上專程搭計程車去，快快吃完一碗再拚去坐高鐵。

就像這樣，目標不用多偉大，能在每一件小事上誠實面對自己的需要和想要，每天享受小小的達標樂趣，久而久之，做什麼都會習慣要達成它。

夠真，在網路發達時代才禁得起考驗

對外待人接物，我認為客人就是朋友，總是以皆大歡喜的角度來處理人際關係和銷售條件。**那什麼時候經營客戶關係？**從客人進門的那一秒就開始。你得發揮自己的特點，吸引和自己同頻率的客人。

有企業內訓的學員問我，他的個性不像我是「high 咖」怎麼辦？其實沒關係，每個人都有適合自己的族群，像我有同事做事慢慢的、寫訂單一筆一劃像在刻鋼板，就有特別欣賞他的客人，認為這樣很仔細，反倒覺得我做事太快了，令他有點不放心。也有人講話小小聲、斯斯文文，會讓客人沒有壓力，而且感覺設想周到，這就是最好的武器，不用所有人都要跟我一樣。

記得喔，從生活到工作、從對自己到對別人都誠實，做事說話才會真。許多人會忽略「真」的力量，只想學話術，結果同樣一句話，A講有用，B講沒用，有一部分原因正是來自業務散發出來的感覺。自身氣質沒變，講話感覺靠不太住，這樣講得天花亂墜，不如真心誠實的人穩穩講幾句。

所謂金字塔頂端的客人也好、長官也罷，他們看的人太多，一眼就能看穿眼前

迷思
業務要八面玲瓏，處處討好。
業務要發揮自己的特點，吸引和自己同頻率的客人！

這個人是否「真心」；網路就更不用說了，一點點好或不好，經過網路散播，一下子就放大十倍、百倍，因此**夠「真」才禁得起驗證**。

你希望老天爺怎麼幫助你？

用一個故事作為本章結尾：

一位心臟科的權威，有天幫患者做心導管手術。這個手術對他來說並不困難，而患者也不是達官貴人，所以醫生沒有特別的壓力，順利做完以後，按照流程送到恢復室。通常送到恢復室幾個小時內就要醒了，可是這位患者一直沒有醒來。

醫生覺得怪怪的，有點害怕，當天晚上回家以後，在睡前向老天禱告：「神啊，我這個病人的父母年紀很大了，又只有他這麼一個兒子，所以請神幫忙他，讓他趕快醒來。」

第二天一大早，醫生連早餐都沒吃，直接衝到醫院巡房，可惜患者並沒有醒來。

下班以後，他像前一天晚上一樣，繼續在睡前向老天禱告：「神啊，我這個病人除了有年邁的父母之外，他的小孩年紀也都還小，一家老小都靠他一個人賺錢，請趕快讓他醒來吧，他的父母和小孩都需要他呀！」

隔天，患者依然沒有醒來。

眼看狀況極不尋常，身為心臟科權威，這位醫生不能跟別人講他有多著急，只能壓抑壓抑再壓抑。這個晚上，他完全睡不著，於是再度向老天祈求：「神啊，我這個病人有年邁的父母，又有很小的小孩……」醫生講到這裡，停了幾秒後接著說：「還有，我是一個心臟科的權威，如果我的病人沒醒來，我將身敗名裂，從此失去為人治病的機會。」

說也神奇，患者隔天就醒來了。醫生終於鬆了一口氣，而患者一家人也慢慢恢復原本的生活。

我想藉著這個寓言故事提醒大家：一個人在夜深人靜、不需要包裝自己的時候，要**誠實面對自己，老天爺才知道怎麼幫你**。

把這個道理運用到日常生活，對人對事都真心相待，不用那麼「ㄍㄧㄥ」（臺語：矜，硬裝的意思）的包裝自己，人脈自然會變多、講的話自然有公信力，當生活圈變大又變快樂，業績就會跟著越來越好。

娜娜的十倍勝超業思維

- ■用一件快樂的事去搭配辛苦的事，才容易持久，要不然每天咬牙切齒跟自己喊堅持，是能喊多久？
- ■大聲宣告目標，別人才知道你要做什麼。而且全力衝刺都沒時間了，才沒有空去想做不到怎麼辦！
- ■業務對錢要有「大水庫」觀念，有時候多賺、有時候少賺、有時候貼一點給客人，加總起來賺比賠還多就好。
- ■不要把客人「當」朋友，因為他們「就是」朋友，沒有當不當這種事。
- ■做業務不必八面玲瓏、處處討好，而是要發揮自己的特點，吸引和自己同頻率的客人。

第二章

我不把客戶當朋友，客戶「就是」朋友

1 留下「好印象」，而不只是好像有印象

做生意，開店面的說人潮就是錢潮，跑業務的說人脈就是錢脈，所以開店者首重地段，那麼跑業務的呢？

「客人哪裡來」，是業務員和老闆們最關心又最不知從何經營起的問題之一。臉書、IG、LINE這些網路工具普及以後，問怎麼做自媒體的很多；實體社團方面，也常有人問到底要參加哪個社團好。

我認為只要是為了開拓業務，參加什麼都很好，不過，重要的不是去換幾大箱名片，或者網路好友加五千人、一萬人，而是怎麼讓別人記住你、喜歡你，然後**在他跟別人聊天時會講到你**。

換個角度，我會先問三個問題：

一、已經成交的客人，有記得你嗎？

二、上下游的合作廠商，都認識你嗎？

三、你讓別人記住和變成話題的「點」是什麼？

第一個問題最容易被忽略，會覺得怎麼可能不記得，而且好像業務員就要不斷做陌生開發。實際上，已經跟你成交的客人，因為有了信任基礎，所以有他們口碑介紹是最好的。同樣的，和你業務有關的廠商都熟嗎？再來，他們記住你什麼？是「好印象」還是「好像有印象」？兩個差很多！

照顧感受、串連資源，就會事半功倍

這三個問題要合起來，當作一道綜合應用題來看，我是這樣做的：

已經成交的客人，通常在交車前，我會問他對車牌號碼有沒有特殊偏好或禁忌。一般來說客人會希望不要四，喜歡七、八、九，或者國臺語吉利諧音如一六八（一路發）、五七（臺語的有錢），這些都是汽車業常識；此外疊字的七七七、八八八、九九九要高價去競標就另當別論。

總之，我會**送他一組我挑過的號碼**。

注意喔，是我送的，由於已經事先問過偏好或禁忌，所以客人不能選。做了二十多年，我挑的牌一定漂亮，漂亮到很多客人會跟我講，號碼讚到旺事業、旺家庭，旺到捨不得換車。

客人這樣講，如果是你會怎麼回？

在我問過的人裡，大部分會說：「你要是換車，我再送你一個更漂亮的牌。」這個就是一點點眉角（臺語：鋩角，指訣竅）

做業務重要的是認識很多人、換很多名片。
迷思
做業務要和不同類型的人串起網絡！

了，我會說：「**我再幫你選一個一樣好的。**」下一個更漂亮，表示現在的不夠漂亮；下一個一樣好，表示現在這個已經是最好的。差一點點，客人奇檬子（日語：kimochi，情緒、感受的意思）差很多。

你可能會疑惑，全臺灣的汽車業務都在搶號碼漂亮的牌，我憑什麼能拿到好的？

在業界，有專門的代辦業者在做搶標，平常就勤於經營關係的業務很多，可是我不只常保持聯繫，逢年過節，當這些代辦業者照慣例給「讓他們賺錢」的汽車業務禮物，我不但不收禮，還反過來送他們禮物。如果你是業者，會不會想說：「這個娜娜，我賺了她的錢，她居然還送我禮物」，因此對我印象加倍深刻？

也是因為這樣，在標牌的時候，他們會特別幫我多注意，第一時間就來問我要不要，而就是這一點點時間差，讓我能提供與眾不同的差異化服務。這個道理跟我在第一本書講的，送清潔隊媽媽半島酒店月餅，結果她先生想買車時第一個想到我一樣，我原本只是覺得人家很辛苦，想感謝對方而已，卻因此有意想不到的收穫。

把自己當品牌經營，客人的好評就是我的名片

再複習一下這三題：

一、已經成交的客人，一直記得你嗎？

↓當然，娜娜是朋友啊。

二、上下游的合作廠商都認識你嗎？

↓當然，不收禮還送禮的娜娜是朋友。

三、你讓別人記住和變成話題的「點」是什麼？

↓客人：漂亮的車牌號碼；廠商：大方又沒有架子。

我有客人因為拿到七九九九（妻久久久），感動到握住我的手，謝謝我懂他愛老婆的心；有拿到九一六八（就一路發），到處宣傳這是他做生意的好彩

頭；甚至還有拿到八九八九（發久發久）的客人，連去買個排骨飯都被老闆問「這塊牌多少錢」，我客人回：「不用錢，我業務娜娜送的。」這些漂亮的牌太多太多，因此客人幫我傳口碑說「我的業務叫娜娜」，無形中幫我打了好多廣告。

一塊好車牌的標金兩千元起跳，有的業務會想少賺了兩千，而我想的是公司一檔花幾千萬做廣告都在花了，我花個兩千元做自己的廣告，又有什麼好捨不得——又轉回來囉，因為我是用「經銷商」的格局在經營，所以想辦法串連資源、把自己當品牌在做。

2 經常一個人，才有機會打進一群人

上一節講完熟人，這一節我們來講陌生開發。

你以為做業務的都很外向、能跟任何人聊天？當然不是啊，我本來也是個閉俗（臺語：閉思，害羞閉塞的意思）的小孩。

我是獨生女，小時候是不愛講話的鑰匙兒童，沒事就「宅」在家裡，不太跟別人互動。是在讀北一女的時候翻到一本書，講到人可以經過後天練習而改變，才給了自己巨大的挑戰：**隨時隨地跟任何人講話**。

這一開始很難，我從等公車開始練，找前後左右等車的人亂講一通，例如從「現在幾點」切入。以前詐騙不多，沒被當騙子，卻常被當成瘋子；練到後來，連買小吃排隊，也能串聯前面後面，搞得大家都很熟一樣。

高中時我沒有要賣東西，只是要練膽量，打開自己的世界。**人生沒有白走**

的路，沒想到這個後天練出來的能力，讓我在職場上得到很多好處，包括對長官、對同事、對客戶、對任何人，都可以用自然的態度溝通。

併桌練習，充實看人資料庫

有一次去臺中演講，我比開講時間早到很多（這是我的好習慣）。搭計程車前往會場路上，想說演講前吃個東西墊墊肚子（上臺前為了保持狀態，我通常吃很少），便問司機大哥沿路哪裡有好吃的肉圓。在地人就是專業，直接載我們到一家老字號肉圓店。

老店生意非常好，中午幾乎滿座。店員問：「可以併桌嗎？要不然要等十分鐘左右。」我馬上回答：「太好了，我最喜歡併桌。」他愣了一秒鐘，顯然大部分的客人都不願意。

人生時間寶貴，我很不喜歡等；再來，一般用餐小店裡有併沒併只差一條小小的走道，除了口水噴不到，講話都聽得到，沒什麼差別，為什麼不趁這個機會多接觸不同的人？

入座以後，和我同桌的是幾個臺灣人和皮膚黝黑、看起來像來自東南亞的上班族，他們彼此用英文交談，有說有笑。我問臺灣人，外國朋友哪裡來的，他們說菲律賓；再多聊一點，知道他們是做機械的，我說我在TOYOTA，也和機械有關，話題一下子就牽上了。

吃一碗肉圓的時間，我了解臺灣和菲律賓在機械方面的合作、認識了菲律賓人、用幾個單字和肢體語言逗笑他們，創造愉快的氛圍，有吃、有學、有娛樂。此外，我在這個過程裡，觀察到這幾個人講到什麼會有反應，再對照他們的長相、體型、講話的口音和慣性，等於累積「看人資料庫」，雖然沒有做銷售，卻不斷利用零碎時間在增加銷售功力，把每分每秒用到淋漓盡致。

和別人綁在一起、等來等去，最後啥都做不成

很多人問：要怎麼樣提升判斷客人的能力？講什麼話才能戳到客人內心？

我都說「常練就懂」。怎麼常練？就是要**大量和不同的人講話**，問候早安、午安、晚安也好，隨便聊天氣、聊新聞、聊他的狗都好，就是不要整天只跟同事窩在一起，聊三餐吃什麼，再不然就是一起罵老闆或一起被老闆罵。

通勤的時候、吃飯的時候、排隊買東西的時候……隨時隨地都是練功的機會，講久了，就能自動分類人的個性，知道講什麼對方有興趣聽。能夠主動營造愉快的氣氛，關係從陌生自然演進到熟悉，這樣經營人脈是不是比單純發個名片、講個自以為有趣的自我介紹要有效得多？

當然，我也不是都一個一個認識，也會參加團體活動，只是比較少去商業交誼社團，而喜歡去運動的場合，像是有氧舞蹈、打高爾夫球這種，可以運動瘦身，往來又沒有目的性，相處上很輕鬆。

只是每次講到這個話題，就會有人問：「妳跟誰一起去？」我覺得很奇怪，為什麼一定要跟誰去，自己去不行嗎？這就好比辦聚會 call 人，永遠都有人問：「那個〇〇去不去？他去我就去，他不去我就不去。」我會開玩笑說，做什麼事都要跟別人綁在一起，那人家要去死，你要不要一起去？

玩笑歸玩笑，我還是那句話：**人生時間寶貴，不用做什麼都等來等去，等到最後，什麼事也做不成。**以一個人的狀態參加活動，沒有依賴的藉口，才能逼自己想辦法認識人，所以我說「全場都是我的朋友」，怕什麼！

明明一個人去，為什麼敢說全場都是我的朋友？以跳有氧來說，來，觀察兩種人。

第一種（主流）：跳到中間休息時段，通常會有一個人被一群人圍著，然後她講話像小老師一樣：「我跟妳講喔，明天要怎樣怎樣。」、「妳有沒有買這個衣服？」想想看，你會不會覺得這個人是key man？

這時候，我會湊過去稱讚她：「姐，我剛在妳附近還蠻有安全感的，妳站在我前面，我可以看著妳跳。我看妳跳得超認真，妳每次都有來喔？」猜猜看她有什麼感覺？當然是很爽啊！

我再繼續：「我比較不會跳啦，但看著妳跳，動作都超標準的，就跟著不緊張了，不然我會緊張跳錯。」一聽我這樣說，她會不會覺得被捧了？會不會把我當成朋友？當然會啊！因為她一次就跟十個人講話，被她「認證」為朋友以後，我等於馬上認識全班三分之二的人。

第二種（非主流）：只要團體做運動，一定會有人左右不分，或者因為室內空間有限，大家都規規矩矩跳，就是有人硬要跳得動作很大，大家都不想站她旁邊。想一下這種神經比較粗的人有沒有朋友？還是有喔，比較少而已。這些人就是扣掉上面提到的三分之二後，剩下的三分之一。

當大家不愛站在她們旁邊的時候，我願意靠過去，反正動作跳小一點就好啦。等到休息時間，再用小時候幫助同學的心態，一樣在聊天中稱讚她哪一段跳得好，這樣又結交到另一群朋友。相對於前面意見領袖型或者喜歡抱團的人，這種粗線條的人大部分都蠻好相處，而且因為朋友不多，一旦認定你是朋友，通常大方又誠心。

主流、非主流這兩種加起來，是不是很快就認識全場了？

說認識不是嘴巴上講講而已，像我工作比較忙，沒有每堂課都到，可是全班連老師都對我很好，還會幫我過生日，吃吃喝喝很快樂。有時候大聚會，同學也會在 LINE 群組上叫我一定要來，都說有我在才 high！

我要講的不只是跳有氧，而是在有人群的場合，生的熟的都一樣，**稱讚 key man 型的人，表達對他的敬佩，取得他的信任**，很快可以從他開始延展到超過一半的人；另外**關懷「非主流」的人，陪伴他**，就會交到另一群朋友。

交朋友沒有一定要賣東西，但是當你認識的人數夠多，加上自己夠有特色，別人會對你好奇，進而開口問：「你在做什麼？」我們的機會就來啦。這就是我說的「客人就是朋友，朋友也可以是客戶」。我去有氧班，純粹下班後放鬆，不是要去賣車，結果卻因為自然的交朋友，讓大家對我產生信任，有的直接找我、有的轉介紹她親朋好友，前前後後賣了好幾輛車。

「經常一個人」的意思是：**自己的人脈自己交，去想去的地方、做想做的事情時，不受別人去不去影響**，這樣，認識的人都是你的資產。

3 大家都送伴手禮，我送伴心禮

拜訪他人時，隨手所帶的東西稱為「伴手」，一般口語也常說要買個伴手禮；但我認為送禮是門學問，應該要送伴「心」禮。

不是說不要送名貴體面的禮，而是不要掉到只有貴或便宜的價錢比較裡面，要想一下收禮的人到底要什麼，收到什麼東西時會有一種「啊，還是你懂我」的感覺。此外，送禮不一定只對客戶，人際之間的送往迎來都算，特別是和我們有直接關係的長官、同事等等。

職場長官：萬寶龍筆 vs. 八百元菸灰缸

二〇一九上半年，帶我們多年的所長，榮調到國都總公司樓下的陽明營業所，大家依依不捨，挖空心思想送一個特別的禮物，讓所長印象深刻。幾個副所長討論以後，買了一支萬寶龍的筆，上面刻了所長的名字。

他們做決定的時候我人不在現場，知道以後感覺禮數到了，但「準度」還可以再加強一點。果然，到了送舊餐會那天，幾乎每個人都喝茫，現場一片混亂；隔天一早，所長還在LINE群組問大家，是不是有「什麼東西」沒拿。

往後我常「虧」（臺語：詼，挖苦的意思）幾位副所長，業務單位的「簽約筆」萬寶龍最多，要長官特別記住這支筆不容易，我們要再找個機會補送別的，讓

他印象深刻。

所長到任後，大家又找一天過去。他在帶我們看環境時，走到辦公室外的小陽臺，有點感慨的說：「這裡如果放個菸灰缸，不知道有多好。」我記住了這句話，回來就請同事上網買了一個直立菸灰缸。到貨以後，大家簽名的簽名、畫圖的畫圖，再火速送到陽明所；沒多久，LINE 群組就傳來所長比讚的照片，看來很滿意。

事後，所長跟我說：「娜娜，這一看就知道是妳的點子。」當天去陽明所的人一大堆，每個人都有聽到所長講話，可是有「聽進去」而且能迅速做連結的只有我。

菸灰缸一個八百元，名貴的萬寶龍筆價錢高出十幾倍，然而在這個收禮者心裡，兩個分量可能剛好顛倒過來。

還有喔，有抽菸的人一天要抽好幾次，想想他每次都會看到我們敬愛他的簽名和圖畫，是不是天天都暖心？

合作廠商：在平常時候做不平常的事

通常送廠商禮物會挑逢年過節，不過就像前面送長官的例子一樣，不一定大節日送大禮，人家就會記得你，我很在意「在平常時候做不平常的事情」。

有一次我陪同事小古去辦交車行政，由於流程要等，我想不如就近拜訪一個合作廠商，於是開車過去坐坐。路上，小古想喝咖啡，問我要不要喝，我說好啊，但只買兩杯好像說不過去。

「我們在便利店喝完再過去就好啦。」小古說。

「你打電話去廠商那邊，問有幾個人在公司。」我說。

問了以後，廠商那邊有六個同事在，加上我和小古，你會買幾杯？這道數學題很簡單吧？小古很直接的沿路找家便利商店，打算買八杯咖啡帶過去，還很夠義氣的說：「娜姐，這個我出！」八杯咖啡，假設都大杯拿鐵好了，要將近四百五十元，也是一筆小支出。不過，我沒和小古在這個點上糾結，而是請他到十幾分鐘路程外的星巴克，買十五杯咖啡和一些蛋糕、餅乾帶過去。結帳的時候，差不多三千元，當然是我買單。

當我們大袋小袋提進廠商公司，廠商人員看到星巴克都笑了，畢竟不是過年過節，只是普通平常日而已。我說：「謝謝老闆長期照顧，買點東西當作大家的下午茶。」買超過統計的數量，不只可以給老闆和同事，其他來商談的朋友們統統見者有份，氣氛很快活絡起來。

另一方面，他們笑的真正原因是早就猜到我會買星巴克。大家都在汽車產業，彼此都認識；對我來說，我們在別人的腦袋裡是什麼「咖」，自己講不如別人開口，所以當一位老闆的朋友說：「娜娜果然就是不一樣。」能得到這樣的評價就是一種肯定。

人是互相的，我真心大方、希望大家開心；廠商在辦事的時候，也會優先處理我的案子，就像前面提過的車牌號碼代辦業者一樣，這個環節快一點、那個環節快一點，加起來我的服務就比別的業務有明顯優勢。而有優勢的服務，又帶來更好的銷售，形成良性循環。

後來我跟年輕同事聊到這件事，有人問：「買超過統計的量，浪費了怎麼辦？」我說你在意的是自己的錢，看能不能抓得剛剛好，多少省一點。其實稍微多給，讓進進出出的人都吃得到、喝得到，也是在幫你自己打廣告。萬一多了，一般吃的喝的，在公司裡分一分、帶回家，都很容易處理掉，不用擔心。

我們有個和泰產險的同事「納豆」，他的工作是跑各家營業所，請業務對客人推他的品牌，他聽了我這個方法後，改成一早帶一大串香蕉去業務單位拜訪，效果很好。納豆說，香蕉可以當早餐也可以當點心，方便吃又男女老少咸宜，很好「銷」。起初帶一、兩次，大家還有點不太適應，後來多帶幾次，汽車業務們吃著吃著就記得他了，等到要推產險時，納豆這個人的印象就跟著香蕉浮出來，他就比別家產險業務多了更多機會，連帶反映到業績上。

客戶：自己先喜歡才買來送

我常買一些小東西，像芋香米、小番茄、地瓜……沒有特別的用意，單純是自己覺得好吃，就買來給大家分享，送客人也送同事。如果外出商談，回來想吃蔥油餅、車輪餅，或者從中南部演講回來，在高鐵板橋站想吃個洪瑞珍三明治，我不會只買自己吃的，而是買至少二十個帶回來。我們營業所有三、四十個人，一早開完會後大家出去各做各的事，下午大概有二十個人在「家」，我的習慣是跟「家人」一起分享。

隨手分享的小東西，價錢不貴，收到的人又不用出錢，我一樣認真，例如我的「御用溫室小番茄」，皮薄多汁、飽滿微甜，口感比一般小番茄明顯好很多，吃過的都說讚。種番茄的小農一年只出一季，品質穩定，我每年都買好幾箱，買成了常客。

買這麼多並沒有特定要送誰，「有緣」就給，好比跑我們營業所的產險業務，我雖然是他的客戶，同樣也送；再來像裝配件的廠、代辦交車事務的業者、我配合的保險公司、銀行、幫我轉介紹的樁腳……當然也包括來商談的客人。**經營人脈不用等年節、等生日，平常就可以做，有多少力量做多少事情，**像前面納豆說的，帶一大串香蕉也是個辦法，重點在於我們真心想要分享。

還有一點非常非常重要：必須要是我**自己喜歡的東西，才會買來送**。我會送給同事們吃的蔥油餅、車輪餅，絕對是下午大排長龍的那種；帶給廠商的咖啡，來自國際知名品牌，我幾乎每天喝；連小番茄也是限量版，一年只配到幾箱而已。

有一次我跟小農叫了四箱，他本來在電話裡說沒這麼多，只有三箱，我想也沒關係，回他「你有幾箱都給我」，結果隔天就接到電話說有四箱了。我開玩笑說：「哇，這麼厲害，一夜之間全部長大了。」猜想是有人臨時抽單或他前一天算錯數量，不管，就訂了。

一般訂農產品，收到的時候就清點數量、看看有沒有破損，但我不只這樣，還把每一盒都打開，隨機吃個兩、三顆，就知道它有沒有甜。一箱二十盒，四箱就八十盒，每盒吃兩、三顆，全部吃下來，比吃飯還撐。為什麼要這樣試？因為這是我要送出手的禮啊，我要確保收到的人吃的每一顆都甜。別看我外表氣勢很強、商談很殺，在處理事情的細膩度上，其實很龜毛。

以往抽樣試吃，真的每顆都甜，這次有兩、三成比例不甜，我覺得不對勁，就拿起電話打給小農：「欸，大哥，那個番茄是不是寄錯了？我前幾年買的全部都甜的哩，這次竟然有不甜的！」他回說有嗎，然後講今年氣候怎樣怎樣講了一大堆，我聽完對他說：「我自己也在做生意，誠實最重要。這次不是全部都你種的吧？不然怎麼可能有甜的也有混到不甜的？」

他聽出我不是謾罵，也沒有說要賠錢，而是不相信以他的高品質，怎麼會出手這種產品，終於坦承：「不好意思啦，因為我表哥那邊還有一箱，我才會想說湊個四箱給妳。」他想不到有人會一盒一盒打開來試吃。

一盒小番茄兩百多塊，說貴不貴，但一箱二十盒也要四、五千塊，換作是你，會不會要求退貨退錢？我沒有，單純讓他知道我很在意。此後再訂，換成他比我更仔細，每一盒都甜的。

你送出的禮，就代表你

關於送禮前後，提醒大家幾點：

一、送禮不管金額大小，都代表自己的形象，要讓收到的人面子、裡子都有，既開心又對你印象深刻。

二、遇到像番茄小農的品管狀況，人情留一線，日後好相見。如果對方是一時投機取巧，與其嚴厲對待，不如寬容一點，**他懂你的用心，以後會對你更好**。如果對方沒有悔過的心意，不往來是他的損失，我們不需要動氣。

三、我送小番茄給客戶（或合作廠商）的時候，會強調：「你放心，每一顆番茄都是甜的。我連番茄都這麼仔細了，對你的車（或案子）一定會更用心！」送出去的禮，要透過你的「加持」讓它發光發熱，深入對方的潛意識。當**收禮的人看到你在很多小地方也很「頂真」**（臺語，認真仔細的意思），就會不知不覺喜歡你，對你加倍認同。

4 送禮的錢，誰出？讓客人出呀

年節送禮，一般公司會有預算買禮物，業務通常不用花自己的錢，然而像前面講到的咖啡、香蕉、小番茄，或者下午帶個蔥油餅、車輪餅，這些錢誰出？公司，還是業務？

揭曉答案以前，先講我在菜鳥時代的一件事。

我剛入行沒多久的時候，為了開發業務，常要跑一些中小型計程車行，看有沒有換車需求，或者拜訪銀行、貸款業者，打聽有沒有合作的可能。這些公司早就一堆業務在跑，要怎麼讓別人記住我呢？我想到「送早餐」這個方法。

在還沒有智慧型手機可以傳 LINE 的年頭，我會請和我比較熟的窗口寄 E-mail 跟他的同事們說：「明天先不要吃早餐喔，TOYOTA 的娜娜會請大家麥當勞。」隔天一大早再去排隊買早餐，一人一個豬肉滿福堡加蛋和一杯咖啡，一次買二、三十組帶過去。前一天有看到信的人，知道是我送的；沒看到信的，發現桌上有一份麥當勞早餐，問怎麼會有這個，熱心的同事就會跟他說：「TOYOTA 的娜娜送的。」

客人吃一次就會記得嗎？當然不可能。我前前後後送了好幾次，才慢慢打進這些公司。

過程中不是只負責出錢就好，我「剛入行」那時候，連得來速都沒有，更不用提 foodpanda、Uber Eats 這些外送服務。我為了讓人家一上班就吃到熱的早餐，前一天刻意去麥當勞買東西順便問櫃檯：「如果我早上要訂三十組豬肉滿福堡加咖啡，要等多久？」然後推算該幾點幾分到麥當勞購買，才能趕在上班尖峰時間送到大家手上。跟我買小番茄一樣，每個環節都用心。

送禮的錢，讓客人出！

回到前面的問題，買這些東西加一加也不少錢，誰出？

我在不同場合發問，幾乎屢試不爽，當員工的認為公司要出，當主管或老闆的覺得應該員工自己出。我的想法是——讓客人出啊！

我講過要用經銷商的格局來經營業務，**既然是經銷商，自己要先「投資」開發，然後從後面的成果賺回來**，不就等於讓客人出這些錢？

舉例來說，我投資麥當勞早餐，吃我這麼多次的車行、銀行、貸款業者，會不會跟我買車或者介紹case？不用多，成交幾個就好，這些漢堡錢就賺回來了；我年年買品質好的小番茄送合作廠商、送客人，他們會不會多多少少幫我傳口碑？一樣也是成交幾個就好，小番茄的錢就賺回來了。

看一個問題，答案不一定在兩邊，有時候要去想「第三種可能」在哪裡。

5 比起多少人按我讚，我更在乎臉書的溫度

網路時代，不管賣商品或賣服務、賣手藝，人人都跟網路行銷脫離不了關係。我工作比較忙，花在網路上的時間有限，偶爾看看同事、同業，或者一些因為演講認識的朋友的臉書貼文、LINE訊息，大致能將這些內容分成幾類：

一、做活動，大特價或者加會員有優惠。
二、做了一些看起來很厲害的事情，如跑馬拉松、得獎等等。
三、去吃很厲害的餐廳，把菜拍得美美的。
四、出去玩的照片，特別是出國，還要在機場打卡。
五、親朋好友聚會，大部分是吃飯，這幾年還流行貼露營的。

很多人很愛看別人貼文，花很多時間按讚，覺得這樣就是保持人際關係。每個人的觀念、做法不同，我認為在不影響別人的前提下，都對。我自己觀察這些，主要是看貼文內容再去比對這個人的長相，看多了就會知道什麼類型的人喜歡什麼事物，無形中增加「看人資料庫」的豐富性。

經營自媒體三重點

至於要貼什麼內容才叫做經營自媒體，市面上有很多課程在教，都可以參考。而我認為有三點很重要：

一、生活性。

這點和平常跟人相處、交朋友一樣，工具不同而已，**不用刻意包裝，真的有感想再發**。自己有感覺的東西，別人才會有感，要不然為了「刷存在感」，結果像每天被規定要寫一篇作文一樣，有點太做作了，而且一直要想內容也很辛苦。

舉個例子，我在二〇二〇年四月二十六日發了一篇吃豬腸冬粉的貼文，就一張很普通的小吃照片、一小段手機打的字，竟然有幾百人按讚、幾十則留言，還有人問我是哪一家，完全出乎意料。

娜娜陳
4月26日・
吃著喜歡的豬腸冬粉...幸福
看到喜歡的韓劇...幸福
獲得一句普通的稱讚...幸福
對生活有所期待...幸福
抓住開心當下的感覺期待著下一次的到來，這是我的生活邏輯，人生還真的挺美好的！
#想什麼就會來什麼
#幸福很簡單
#簡單的幸福
你、Nana Chen、娜娜陳和其他378人
56則留言

▲ 想不到一篇豬腸冬粉的貼文，引來大家的好奇。

小吃、韓劇、被稱讚……平時不覺得有什麼特別的，但請注意發文日期接近月底，是趕業績最忙的一週。人在很忙很累的時候，接觸越單純的事物，越容易感到滿足，這種經驗不分職位高低或做什麼工作，才會得到大家共鳴。

二、**真人回覆。**

有加我LINE或微信的朋友，都有收過我給他的一句話，例如：「小明，很高興認識你啊」；就算只是一個簡單的招呼，我也會**讓對方知道他不是在跟機器人說話**。有的人喜歡加一堆朋友，看到好友邀請就一直點確認，我不會。撇開看起來太像機器人的怪名字、怪簡介不算，一般網友、學員來加，我會抽空去看一下他是做什麼的，然後給一句話。

這樣消化邀請的速度很慢卻很踏實，收到的人回饋都很好，沒想到我會直接回給他。以前個人臉書也一樣，只是朋友數已達五千人上限，持續又太多人要加，所以我在二〇二〇年七月移轉到粉絲專頁「娜娜陳」，省掉大家麻煩。

有時候，我會碰到來問很多業務問題的，像要我隔空問診，我也會客氣而坦誠的告訴對方，我真的很忙，沒辦法一一回答每個人的問題，如果之後有公開課程，會貼在粉絲專頁上，再請他來交流。基本上，這樣朋友加了、交流有了，卻不會占用太多時間。假設要買車或做什麼事情，直接語音電話溝通，最有效率。

三、與時俱進。

也有人好奇我經營自媒體有沒有長期策略，我的想法是網路上的氣氛變化很快，一陣子流行這個、一陣子流行那個，加上工具越來越多，臉書不夠，還要弄ＩＧ、LINE@、Telegram，甚至還有微博、微信公眾號……這個導那個、那個導這個。

每個行業都有它的專業，以操作自媒體來說，有的人很擅長設計各種導流模式或商業模式，我覺得都很好，只是我的時間比較多在工作上，發文頻率不高，所以沒有弄這麼多。

相對於數量、模式這些比較「機器」的東西，我更注重給人的「溫度」，這也是我認為在ＡＩ越來越強大的時代裡，人類有的優勢。另一方面，銷售沒有標準答案，每一段時間客人的心理都不大一樣，我喜歡分享這些變與不變。

舉例來說，寫這本書的時候剛好碰上新冠肺炎（COVID-19），全世界都受到很大影響。這時候有沒有來看車的客人？當然有，少一點而已。看自用車的，我會說現在命比較值錢，自己開車比搭公車、捷運安全多了，保自己也保家人；分期付款辦一辦，其實負擔也不重。看營業車的，我會說明怎麼申請政府的紓困方案，這種機會不是天天有，資源絕對是先申請先下來，況且疫情總會過去，車子一開就是好幾年，沒什麼好擔心。

二〇二〇年五月，還在疫情之中，我照樣創下月銷六十輛的紀錄，拿到全公司競賽第一名。六十輛是什麼概念你知道嗎？在和泰體系，一年賣一百輛就算績優業務，能上年度表揚，我一個月就做人家一年六〇%的數量，而且還是在面對疫情的狀態下。

▲ 2020年5月20日，在新冠肺炎期間交車的第一批。

我是怎麼做到的？五月二十日開始，我就在粉專貼出一批一批交車的照片，一來是記錄這段時間的辛苦和成績，二來是想跟網友說：「不管景氣好不好，只要認真找，還是有很多想要消費的客人。」同時告訴大家我做了五十幾輛，離目標六十輛還差一點點，請幫我轉介紹，果然收到很多熱心網友幫忙。

六月一日，我貼出接受國都長官頒獎的照片：結算五月分業績，共賣出六十輛、百分之百達標，名列競賽第一名。這則貼文不只吸引很多人按讚、留言、分享，還有許多私訊來詢

▲ 2020年6月1日，結算5月業績我榮獲第一，並獲國都長官頒獎（右為車輛部協理陳先尊）。

問要買車。

不管用什麼工具，採取什麼模式，最後目的都是要凝聚人氣、認識人脈、帶動銷售，方法千百種，可是不要忘了**「真心」和「溫度」是最重要的**。你不一定要有多棒的成績才可以貼，客戶對你有什麼評語、商談有什麼感想、工作之餘經營的興趣……都是好題材。**讓看貼文的朋友，真實感受到「你」，自然會吸引跟你同頻率的人**，這就是我認為最好的策略。

迷思
經營自媒體時，要顯示自己很強、過得很好。
要用「生活的溫度」，吸引和你同頻率的人！

6 高階人脈如何經營？滿足他的發表欲

講到人脈，許多人渴望認識甚至巴結高階、層峰的「成功人士」。演講時，我常碰到有人私下來問怎麼跟這類的人應對。大概是因為對方的社會地位、經濟實力和自己差距比較大，所以不知道該講什麼。

其實所謂高階，是比較出來的。好比拿一個手搖飲料杯和老人茶的杯子比，手搖飲料杯比較大；但是如果再拿大啤酒杯和手搖飲料杯比，飲料杯就變小了。

人也一樣，年收入十億的成功人士跟我們比很厲害，可是也有年收入二十億、五十億、一百億的，那我們要對一百億的更更更尊敬嗎？再說，年收入比十億低一點，例如五億、一億、三千萬、八百萬的，難道就不夠成功嗎？

有錢人也是人，也會好為人師

碰到高階客戶，許多人會怕的原因，除了因為對方見識更為廣博，不知道該怎麼對頻，容易不懂裝懂，去講紅酒、高爾夫這類東西之外；再來是還沒開始談，就幻想對方會出高價、下大單，進而「怕失去」所以緊張。

面對高階客戶，我的經驗是這樣的：

一、收入高低、成功與否都是比較出來的，大小都在你心裡。你覺得他大就大，覺得他小就小，不要自己嚇自己，用「眾生平等」的角度來對待最自在。

二、太多人在打有錢人主意，他看過這麼多嘴臉，你覺得他看不出來真的假的

對待高階人士要特別恭敬、再三小心。
迷思
大小是相對的，用眾生平等的方式對待！

嗎？有錢人也是人，誰不喜歡「真的」？只要你夠真，就有機會贏過那些虛假的。紅酒、高爾夫、股票、房地產……這些不懂沒關係，問對方，讓他教你就好。人都「好為人師」，讓他滿足發表欲也是一種方法。

不把長官當壓力，他們是支持我的力量

還有一種高階，是內部的長官，這是更多業務頭痛的地方。業務表現，有一半以上跟公司內部人際相處有關，其中和長官的關係又占了決定性比例。業務遇到長官，第一個跳出來的印象就是要求、管理、加高目標，怎麼想都是壓力。不過我遇到長官，從最親近的副所長、所長，到部長、副總、總經理、董事長，第一個想到的都是：「他們是支持我的力量」。

這樣講不是掰作文喔，我從菜鳥時代開始，只要有機會上臺領獎，比如年度表揚，一定會在和長官握手的時候，輕聲對他說：「老闆，謝謝你。我明年還會讓你再看到我！」想想看，有幾個業務會這樣講？一般人大多想說明年不

要掉下來就不錯了，哪敢在臺上對老闆承諾明年還要繼續拿獎。

我敢的原因有兩個，第一個「不怕最大」，這是一種態度；第二個是支票先開出去，就會逼著自己兌現，當你養成這個習慣，自然會推著自己不斷往前。一旦認為公司、長官是支持我往前的動力，做事就不會只想到自己，反而會多去想怎樣對公司比較好，就像我主動賣掉庫存車的例子，形成正向循環。

當老闆隔一年、隔兩年、隔三年，連續看到那個在臺上給他承諾的員工，很快就會記住我叫「娜娜」。我的銷售條件沒有因此特別好，但是對上相處很愉快，各級長官對我都很好，這也是一種得到。

這一章最後，想分享個我自己的觀念：經營人脈這件事，**大家都會說「要跟成功的人在一起」**；可是你有沒有想過，**如果你不成功，誰要跟你在一起？**

因為發展階段不同，有的人習慣去「貼」所謂的成功人士，這個沒有好壞對錯，但只會單純貼人家名氣，或是接觸以後學到人家的長處並改變自己，等時間一拉長，兩者程度是看得出來的。只要你自己夠強、夠真，一定會有惺惺相惜的高階人脈！

娜娜的十倍勝超業思維

- ■做業務重要的不是認識很多人、換很多名片，而是要和不同類型的人串起網絡。
- ■已經成交的客人記得你嗎？上下游的合作廠商都認識你嗎？對你有「好印象」跟「好像有印象」，兩個差很多！
- ■經常一個人，才有機會打進一群人，這樣，認識的人都是你的資產。
- ■送禮不是只要名貴、體面，送伴「心」禮，長官、廠商、客戶都暖心。
- ■送禮給客人的錢是公司出還是員工出？把這當作投資，你會有第三種可能——讓客人出！
- ■經營自媒體有三個重點：生活性、真人回覆、與時俱進，用「生活的溫度」，吸引和你同頻率的人。
- ■高階人士也是人，眾生平等，別把對方當壓力，有不懂的，讓他教你。

第三章

成交高手三件事：時間、自信、互利

1

很會聊不等於會成交，你要「框」住客戶的時間

業務員的工作就是銷售，最多痛苦和最大成就感都來自這裡。有沒有想過，銷售到底是什麼？銷售和成交有差別嗎？接下來，我們一個一個說。

業務對客人，關係像一個男生想追一個女同事，第一天送蘋果汁，女生好像沒有fu（feel，感覺的意思）；第二天換芒果汁，還是沒打動；第三天再換柳橙汁，結果隔天在茶水間冰箱裡看到三杯果汁原封不動排排站，到星期五下班被清潔媽媽全部清掉。

很多人賣東西也像這樣，自以為給了全宇宙，卻根本不是對方要的。搞不好女同事喜歡喝熱的，也可能不愛甜的。所以不用連買三天果汁，第一天發現沒感覺，立刻要換差異大一點的，比如熱拿鐵，再來換不甜又沒牛奶的綠茶，

才能測出丟什麼出去，人家會「動」。

銷售不能一本通稿用到底，熟背規格、價錢不代表能賣得出去，重點在「知己知彼」。歸納我的心得：賣東西叫銷售，還不等於成交喔；要賣出去、簽了約、拿到錢，才算成交。

成交高手會掌握這三件事：

一、時間。

二、自信。

三、心理戰。

框住客戶的時間，催促自己成交別拖

我的時間管理有兩種意義，一種是第一章提過的「對自己」（每天作息規律），一種是這節要講的「對客人」。

很多業務很會聊，從內子宮到外太空都能喇（臺語：抐，攪和瞎聊的意思），喇到最後收不回來，花了很多時間，搞不好還貼錢買飲料、買禮物，結果一張訂單都拿不到。

要破解無法成交，首先要「框住客戶的時間」。做法是這樣的：假如有一個客戶想跟我約明天看車，就算行事曆上沒有特別的事情，我也會問他要約上午九點到十點，還是下午兩點到三點。

給出兩個選擇，一來尊重他；二來表示我不是閒閒沒事，還有別組客人在排；三來把「框框」畫在一個小時，讓他心理預期我們**在這段時間內一定要有個結論**，當我商談到一半多一點的時候，就可以先嘗試成交。如果沒成功，還有時間換切入點再嘗試第二次、第三次……以提高成交機率。對於敢聊不敢簽的業務來說，框住時間也是強迫自己要勇敢提出成交，不要一直聊下去。

每個產業特性不同，這個框框可以是一小時也可以是別的時間，但不要太久。以我而言，通常四十五分鐘左右就能成交，其中講條件只花十五分鐘，另外三十分鐘用在對頻、聊天……當然，也是會碰上畫了框框但談不下來的情形，所以當時間差不多要到了，就得判斷是要準時停止改天再戰，還是跟客人說「沒關係，我有抓寬一點點」，再多談個十分鐘。

賣東西有一種「氣」（臺語，氣場、能量的意思），自己頭腦要清楚、眼睛要放亮，抓到對方情緒的高點比較容易成交。談得太冗長，不只大家都累，條件越談越混亂，對方還可以拿「我要回家帶小孩」之類的藉口，讓你投入的心力整個石沉大海。

聊天不是漫談，是找成交線索

會聊不會 close（業務術語，締結成交的意思）是非常多業務的痛，大家在公司、在外面都上過很多銷售課，學了很多招數，會聊天、會對頻、會講產品、甚至也懂得怎麼框住時間，還是沒辦法 close。

我從學員問我的狀況裡面，發現一些盲點，有技術上的也有心理上的。先講技術面：

一、要判斷你們的「關係」在哪個階段。

好比前面說的送果汁例子，要先判斷你們是點頭之交或有點好感，還是根本只是第一次見面。已經有點好感，搞不好送什麼對方都好；如果交情還很淺，很可能送什麼都沒 fu，那麼就要先抓共同話題、塑造共同記憶。沒抓好關係階段，自以為已經聊幾句開場白、對了頻就要開賣產品，你覺得客人會買的機率有多少？

二、聊天不是漫談。

丟出話題以後，要看對方的口語和肢體反應，同時蒐集他的「情報」。聊一小段以後，我們才能推薦他於無形，而不是一板一眼的問：「請問您想看什麼？」、「有多少預算？」、「打算用在哪裡？」好像刑事組在問案：「你剛才在哪？」、「跟誰在一起？」、「做什麼？」業務員又不是警察，你覺得客人會跟你講真話嗎？

一般客人從門外進來，假如是男生，我迎上去的時候通常會講：「帥哥長這麼帥，一定很搶手。結婚了嗎？還是有女朋友？」假設他回「結婚了」，我就繼續問：「怎麼太太沒有一起來？」

假如他說「在上班」，就知道是雙薪家庭，預算多一點；說「在家」的話，就繼續問「帶小孩嗎」、「生幾個啦」來了解家庭成員，也推測經濟負擔。如果他說「太太大肚子，不方便來」，就問「第一胎還第二胎」、「媽媽有沒有準備幫忙坐月子」，知道一、兩年內主要靠一份薪水養一家幾口、有沒有和爸媽同住等等。

總之，不是純聊天而已，要從話語裡推估對方的狀態，再推薦合適的產品。如果雙薪沒小孩，也就是所謂的「頂客族」

要很會講產品
才容易成交。
迷思
成交的關鍵在「懂人」！

（DINK，Dual Income, No Kids的縮寫），用常理來推，可支配所得比較高，**先看**時尚或動感的車款，進口車也可以；如果單薪要養一家四口，**先看**經濟小車；如果和長輩同住，**先看**七人座的多功能車款；如果小孩已經長大甚至出社會工作，要留意孩子會上網比較不同車款，可能影響父母的決策，不妨先探詢孩子有沒有給過什麼意見。

注意喔，我前面講的都是「先看」不是「只看」，用剛才的推論先抓個大概，介紹才有著力點；如果有出乎意料的，比方說家裡要幫他們出錢，則另當別論。

此外，線索不是只能從對話來找，只要是耳朵聽到、眼睛看到的，都可以派上用場。下一節要和大家分享的故事，線索就是從客人的手機來的……。

2 我靠手機螢幕找線索，一次成交

有一次，一對夫婦帶著兩個小男生來看車，從穿著打扮看起來，是經濟能力還不錯的上班族，照理說不難「處理」。但問題是兩個小男生把展間當遊戲室，衝過來衝過去，一下玩鬼抓人、一下玩躲貓貓，你覺得爸爸媽媽的心思會在車子上嗎？所以，要搞定這個 case 必須先搞定兩個小孩。

一般業務是這樣的：跟媽媽稱讚小孩好可愛、好活潑，其實心裡巴不得賞小孩兩巴掌，最好綁起來，嘴巴再貼膠布。一邊要壓抑怒火，一邊要假裝和顏悅色，實在很辛苦。

我做了二十多年業務，碰過太多情境。以這個例子來說，商談的時候除了對大人講話，也要思考怎麼按打（臺語：安搭，安撫的意思）小孩。剛好這時媽媽的手機有訊息進來亮了一下，可以看到螢幕桌布是明星劉德華，讓我想到有個題材可以發揮。

什麼題材呢？公布答案之前，先請你想幾秒鐘：如果是你，會聊什麼？

劉德華幫我收服了兩個皮小孩

我問過很多人這個問題，大部分都說聊他的成名曲啊、電影啊、演唱會啊。可是，萬一你講的人家沒聽過，或者她買的演唱會剛好是劉德華生病取消那場，是不是更悲情？還有，不管跟媽媽聊得再投緣，小孩吵鬧的問題解決了嗎？所以我沒有馬上跟媽媽聊劉德華，反倒招手請兩個小男生過來。

「葛格、底迪你們來。」我說，「葛格你幾年級了？」

哥哥有點不屑，心不甘情不願比了個「三」。

「蛤，你三十歲喔？」我故意鬧他。他覺得笑話很冷，眼神更不屑了，彷彿在說「妳白痴喔」。

「那底迪你呢？」我繼續問。

「我一年級。」弟弟還單純，笑嘻嘻比了個「一」。

「你們有上英文課嗎？」我問。

「有啊有啊。」又是單純的弟弟搶先回答。哥哥沒回話，冷眼旁觀。

小孩子常被問幾歲、幾年級，覺得煩很正常，我並沒有因為哥哥的態度影響情緒，反而刻意講冷笑話、問不知道要做什麼的問題，為接下來的橋段拉大反差。

「阿姨跟你們玩一個遊戲好不好？我來猜葛格的英文名字，」我說：「如果沒猜對，我送你們一人一輛小車車；如果猜對了，分針從三走到九這段時間都要乖乖坐好，一樣會送你們一人一輛小車車，這樣可以嗎？」

弟弟馬上說好，哥哥想了一下，覺得好像沒什麼陷阱，跟著點頭答應。

「那我要猜囉？我一次就會對喔！」弟弟眼神充滿期待，哥哥半信半疑。

想想看，哥哥的英文名字叫什麼？

「你一定叫 Andy！」跟劉德華同名。

我一開口，弟弟下巴快掉下來，哥哥則低頭東摸西摸，以為身上有英文名牌沒拿下來；再抬起頭，眼神從先前的不屑轉為佩服，好像看了一場發生在眼前的魔術秀。這時候，我看了一眼手機，再看向媽媽，她對我發出會心的微笑，一切盡在不言中。

按照約定，我一人給一輛小車車，請他們到隔壁桌玩。

「是不是男子漢？」我指著時鐘。

「嗯！」兄弟倆用力點頭說是。

一個英文名字Andy，跟媽媽對了頻，又收服兩個皮小孩。一家四口已經有三口是「我的人」，付錢的爸爸還跑得掉嗎？條件講一講，很快就成交了。

過程中我沒有講一堆產品介紹，也沒有壓抑自己，而是**創造愉快氣氛又解決了客戶最頭痛的問題**——小孩不會只在我們公司衝來衝去，到哪裡都一樣，所以如果在這裡沒成交，到別家也不會；反過來說，只要我能「處理」小孩，這張單一定是我的。

事情跟著「關係」走

所謂聊天、對頻，都是我們業務要了解客人、加溫熟悉感的工具。「線索」不一定是話語，也可能是表情、肢體語言或者隨身物件，像手機螢幕、車鑰匙、手錶、衣服、包包等等。一般而言，以下圖來看，客人跟我們是在圖中第一階段的陌生關係，就算口頭上講是別人介紹來的也一樣，要找個話題先對頻，好比煎牛排從生肉進展到三分熟。

在前面這個案例，我對小孩從最普通的幾年級開始，讓他們先開口，媽媽手機裡的劉德華則當作「底牌」按兵不動。隨後問有沒有上英文課，將注意力導向和買車無關、

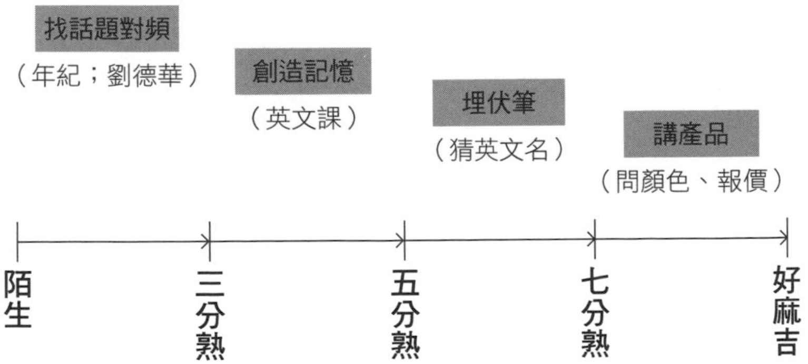
找話題對頻
（年紀；劉德華）
創造記憶
（英文課）
埋伏筆
（猜英文名）
講產品
（問顏色、報價）
陌生
三分熟
五分熟
七分熟
好麻吉

▲ 關係熟度不同，要做的事也不同。

感覺有點奇怪的問題來創造記憶點，等於三分熟煎到五分熟。然後把猜英文名字作為伏筆，稍微醞釀一下氣氛，彷彿電影《賭神》在一眨眼間把壓在最下面的底牌翻上來，讓大家都嚇一跳。到這裡，就七分熟了。

收服小孩以後，再來跟父母講產品、選顏色、報價就非常快，而我們的關係因為前面的鋪陳，從七分熟再升溫到好麻吉。你覺得他們回去會不會把我這場「魔術」當成話題，告訴一堆親朋好友？

為什麼我敢賭這一把？原因很簡單：有兩個孩子的媽媽，手機桌布沒放老公、小孩而放了劉德華，可見一來是真愛，二來她在家裡的地位是高的，不怕老公吃醋。那麼，她生的第一個兒子，不跟著真愛叫 Andy 要叫什麼？

故事還沒完。弟弟眼看這麼神奇的事情發生，大喊：「阿姨妳猜我、妳猜我！」嗯，哥哥叫 Andy，弟弟會叫什麼？我問過很多人，市調第一名是張學友的 Jacky，前有劉德華，再來張學友，好像很合理。可這是想像，沒有證據，萬一講錯，前面好不容易創造的情緒高點就會瞬間跌到谷底，等於前功盡棄，所以我笑著回弟弟：「阿姨不玩了。」

人們在快樂、喜歡、興奮這種正面的情緒高點，做決策最爽快；不過現在high不代表會一直high下去，**鋪陳要懂得「見好就收」**。感覺氣氛對了，馬上提出成交，簽約、付訂金、弄證件，越早確定狀態，對業務的保障越高。

3 網路可以比價，也可以創造信任感

關係、對頻、蒐集情報這些，不一定要見了面才開始，「網路」就是預先加溫的好工具，而且可以反過來，讓客人蒐集你的情報，而不是你去蒐集客人的情報。

半夜訂車的神祕客

二〇一八年十一月二十八日，那天非常非常忙。我為什麼會記得，是因為快月底了，光是二十八、二十九日兩天就賣出十一輛車，而這個 case 剛好發生在這兩天的交界，所以記得這麼清楚。

對，你沒看錯，兩天的交界就是半夜。到底有誰會在半夜買車？恐怖喔～

我們繼續看下去……。

二十八日晚上，我在新北市樹林區處理一個case，距離我服務的新莊所不算太遠，不過忙完也晚上九點多了。這時一通電話打來，一個男性陌生客戶說想買車，問我方不方便在十一、二點左右跑一趟北投，等於從大臺北的南邊快到桃園的地方，要趕到很北邊，大概二十五公里，不塞車也要開四十分鐘。

我的座右銘之一是：「老闆的需要，就是我的想要。」有人要買當然好，於是請他把地址LINE給我，再用Google地圖查了一下……啊？怎麼顯示北投分局？加上約在半夜，有點怪怪的，搞不好是詐騙。考慮完，我請同為女性的主管——簡副所長跟我一起去。簡副所是原本中和所的頂尖業務，調來新莊擔任副所，我們平常就是好戰友，深夜出門有個伴也比較安心。

「等一下如果去了發現沒這個人，我們回去都不要講，不然很丟臉。」出發前，我跟簡副所這樣說。

到了以後，進去北投分局櫃檯一問，真的有這個人，而且竟然是個「阿Sir」（警察）！他因為平常很忙，只有值班結束後有一點點時間。

我問他怎麼會知道我，他說和分局對面皮鞋店的小弟聊起想買車，小弟一直強烈推薦我，才產生好奇心，約我過來談。我完全不認識小弟，而他會知道我，是從網路上看了粉專和影片以及聽朋友說的（可能有人聽過演講）。

我們常講的「口碑」，不一定只能來自跟你買過的人，也包括網路上的朋友還有他們的朋友，這樣一圈一圈畫出去有多大你知道嗎？不管你在哪，這些看過、沒看過的人，都可以是你的條仔咖（臺語：柱仔跤，樁腳的意思）。

▲ 半夜賣車給阿Sir的經驗實在很特別，在北投分局前面照一張，有圖有真相！

附帶一提，北投分局距離我們陽明營業所不到兩公里，開車五分鐘就到，但阿 Sir 沒有在距離他最近的地點買，而是硬擠出半夜的時間找我買。為什麼？因為有別人告訴他我是最好的。這裡要講兩件事：

一、找到「支持的力量」。

業績很好，剛忙完都九點多了，有客人約半夜還要不要去？有的人會跟客人說「明天早上」，可是你怎麼確定他不會一覺醒來就改變心意？我的業績並不差這一張單，半夜照樣趕去的原因在於「老闆的需要，就是我的想要」。有時除了自己，也要想想公司、長官、同事，不只自己好，也要大家好，公司有賺錢，我們才能賺得更長久。

二、網路是朋友，不是敵人。

這幾年在上企業內訓的時候，網路比價是最常碰到的頭痛問題之一，好像以前的業務招數碰到網路都沒效了。對我來說，人性到哪裡都一樣，如果你們之間只有數字，今天沒有網路，客人照樣可以到處比，差在速度沒有這麼快而已；如果有溫度、有信任，網路反而可以加快你成交的速度。

以阿Sir的例子來說，皮鞋店小弟和網路（Google我的資料、看我的粉專和影片）已經幫我對好頻又創造了記憶，連埋伏筆都不用，一見面就從七分熟起跳，條件講一講就成交。

一見面就七分熟還不算最熟，還有陌生客人講完電話就直接匯幾十萬，來我們新莊營業所像是粉絲見面會一樣。關鍵同樣在網路。

網路比價很令
銷售員頭痛。
迷思
網路是讓客人熟悉你
最快的工具！

專程從高雄北上的粉絲

成交阿 Sir 是十一月二十八日晚上十一點多，沒想到不到二十四小時，又有一位客人同樣因為朋友和網路，讓平常很少發文的我，感動到又發一篇。

十一月二十九日，我們要結算業績的前一天，一位高雄的陌生客人來電說想買車。我在電話商談過程裡，得知這是他「人生的第一輛車」，我說我賣了很多人的人生第一輛車，那是一種感動。我很少講規格，大多在談他的人生階段需求、要注意的事情等等，像在布道不像賣車，所以很多客戶很喜歡跟我聊天，覺得有道理又很輕鬆。

聊著聊著，還是要回來講我們的正事。因為汽車業要領牌才算業績，所以二十九日雖然離三十日還有一天，可是把領牌流程放進來已經等於最後一天，必須當天完成匯款和交證件，才能進行後續動作。

我們聊得很愉快，他願意先匯車款，然後想辦法搭高鐵，盡快從高雄趕到臺北來。我一邊講電話，一邊請助理用手機幫他搜尋高鐵時刻表，三個人

「喬」（臺語：撨，溝通協商的意思）交通花的時間比商談還久。

這裡要補充一下，我的讀者、學員、網友不只在臺灣，像中國大陸、日本、新加坡、香港、馬來西亞……都有，所謂「從高雄趕到臺北」，用Google地圖來表示，是一段超過三百六十五公里的路程，而客人又不是整天閒閒沒事做，他要跟公司臨時請假↓把手邊工作做完↓從公司趕到高鐵左營站↓搭上高鐵↓出高鐵板橋站↓從板橋站坐計程車到我服務的新莊營業所，行程有夠緊湊。

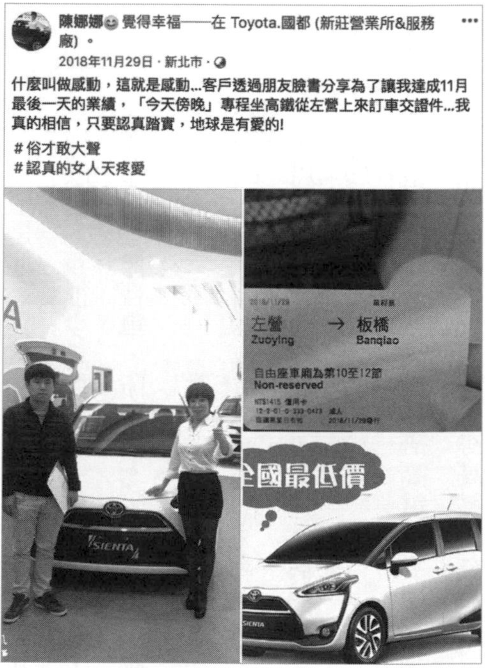

▲ 傍晚從高雄專程趕來，待一小時又匆匆趕回去的客人。

他下午五點多出發，到我們營業所已經八點多，你猜簽約花了多久？答案是十五分鐘。其中十分鐘在聊天，實際簽約只花五分鐘，加上處理證件一些流程，九點多他又搭計程車去板橋站，趕高鐵回高雄，停留時間前後差不多一個小時。

我問他怎麼知道我的，他說是一個朋友轉貼粉專給他，看了以後覺得很有力量，而且認為我值得信任，就私訊來問聯絡方式。等我們在電話上聊過，發現我的確很「真」，跟原來的認知一致，講事情也不囉嗦，便主動說服爸媽，堅持要跟一個遠在三百多公里外的陌生業務買車，甚至沒見到面就匯款，還親自專程跑一趟，令我超級感動！

信任，縮短成交時間，避免價格拔河

要請你再回到上一節劉德華的例子，看一下關係熟度的圖（見第一一三頁）。每個階段的格子畫一樣大只是方便看而已，不是要你按照ＳＯＰ，每個階段五分鐘、十分鐘那樣，而是了解在成交之前，要先累積人家對你的信任。

來店才初次見面的客人，可以像劉德華的例子跟他對頻，同時搞定隱藏版的關鍵人物（兩個小孩）；也可以利用網路，讓朋友們知道你是什麼樣的人，幫你轉分享。**有了信任關係，成交才會快，而且成交以後，「新朋友」直接升等好麻吉，又多一個幫你介紹的好樁腳。**

4 當特例發生，你能聽出其中細節嗎？

做業務沒有SOP，隨時有可能發生特例，好比你跟客人畫好了時間的框框，也有快速加溫熟度的能力，但還是有例外。判斷的關鍵在「聽出細節」，然後再畫一個新框框。

事情發生在星期六中午，那天我在外面有行程，前面提過和我一起拜訪阿Sir的簡副所在公司接到一通電話，客人在中壢，想約下午三點碰面談。我的營業所在新北市新莊區，跑高速公路不塞車到客人那裡要四、五十分鐘。電話是正中午打來的，大家各自吃個飯再開車過去，好像蠻合理的。

簡副所和客人敲好時間後，打電話問我有沒有空一起過去，我問他客人態度有「熱」（行話，熱切想買的意思）嗎，她說很熱，我反而感覺不對勁，立刻請她打給客人說剛好在附近，可不可以提前到一點半左右。接著馬上趕回公司跟她會合，一起「呸車」（臺語：拚車，高速駕駛的意思）到中壢，從出發到抵達，只花了二十一分鐘！一點半到了以後，我們先寒暄說因為跑前一個case在附近，順路過來中壢很快，然後商談條件到簽完約、處理好文件流程，才三點多而已。

問題來囉：**為什麼我要大幅提前，不按照原訂時間？**看前面的過程會以為是直覺，其實是經驗加細節的綜合。

畫一個新框框給客人

有沒有注意到客人有購買的熱度？可是當時我再往下追問，發現客人並沒有細問價錢、配備等其他一般客人會在意的事情，只叮嚀我們要三點準時到。換作是你，很想買一個東西，會不先問「能不能再便宜一點」嗎？況且還是一輛幾十萬的車子。

所以我推測十二點到三點之間，他們還約了別組業務，我們去只是陪襯，證明前面談的價錢夠好而已，因此反過來操作，用最短時間殺過去，變成第一組業務。

這裡又碰到第二個問題：忽然殺過去會不會太唐突？這點我已經預想到，所以先給客人臺階下，跟他說：「剛好在附近，方不方便順路過去一趟？」一般對客戶來說，好像也沒什麼拒絕的理由，先談也沒差。可是對我來說，一旦從陪襯變主角，當然要以我無比的戰鬥力，大力壓縮從陌生到全熟的時間，把訂單砍下來（行話，成交的意思），不給客人有跟後面業務比價的機會。結果聊開以後，客人才說有另外約了兩組業務——果然被我猜中！

過程裡還有一段小插曲：由於我們臨時提前到一點半，客人講一講，中途拿起電話跟先約好的某一組業務延到三點；快三點的時候，我們還在現場處理文件流程，他只好再跟人家改到四點，沒多久又補電話去說：「不好意思我買好了。」

業務戰術的運用千變萬化，「畫框框」是好用的方法，不過偶爾碰上特例，要相信自己的感覺和判斷，跟客人重新畫一個框框，為彼此創造最好的成交時機。

只有最行情，沒有最便宜

有沒有發現我前面的案例常提到「條件講一講」就成交？所謂條件講一講，不是報價出去人家就買，還是會討價還價，甚至因為我名氣大、賣的數量多，會期待比市場便宜很多。實際上當然不可能，公司給我的獎金並沒有比較多，所以我會告訴客人一定在行情價裡面，「只有最行情，沒有最便宜」。

如果我們跟客人的關係只有錢，就會陷進數字多一元、少一元的拔河裡；如果還有快樂、有共同記憶，只要在行情範圍內，客人的接受度會高很多。

5 當客戶說：「再想想」，你的下一步是？

前面談了技術面，接下來聊聊心理面：做業務的道理，和生活其他方面都是相通的。講業務到底在怕什麼之前，先分享一則真實的感情故事。

有一天，一個年輕的男性同業來問我感情問題：

他和女友是遠距離戀愛，男生在北部賣車，女生在南部做保險，一個月三十天，見面時間加起來不到七天，平常大多用視訊聊天。有次視訊到一半，女友中途按掉了好幾次，重新連線以後大方直說是前男友打來；再往下問，才知道兩人還保持聯絡，雖然都是前男友打的，自己女友只是被動，而且講到這件事並沒有隱瞞，但感覺還是怪怪的。

「所以你會不會怕？」我問他。

「會啊。」他說。

「在這件事情裡面，你最想知道什麼？」我繼續問。

「就是……她到底對前男友還有沒有感情。」他又想到，「喔，她還有提過，有時候前男友打電話來，她會說在睡覺然後掛掉。」

「那你為什麼不跟女朋友講，直接叫對方以後不要再打來，這樣不就好了嗎？」我點出他想說但沒說出來的話。

「對吼！」他的眉頭終於打開了。

他坦白告訴我其實心裡想的就是這樣，但不敢講，時間一拖長就更難說出口，悶在心裡久了，兩個人見面總覺得中間像隔了一層東西。俗話說「旁觀者清」，兩個當事人要講不講，你覺得他們自己不知道嗎？那為什麼不說出來？因為「怕」。怕講出來以後，不是想要的結果：

萬一，女生說還是愛前男友怎麼辦？

萬一，牽扯出更多不想聽的細節怎麼辦？

萬一，講了以後雖然沒事，但「動搖國本」怎麼辦？

問題是，不講就等於沒事嗎？

聊過以後，男生當天晚上就跟女朋友講開了，結果女生也鬆了一口氣。她馬上發簡訊給前男友，說跟現在的男朋友很好，很珍惜這段感情，為了不讓男朋友吃醋，以後除非必要，否則還是少聯絡比較好，同時祝福對方有好的發展。然後，兩個人就沒事啦，又回到原來甜蜜恩愛的樣子。

我在演講時常說自己是仙姑，大家不只可以找我問業務，要問感情、問家庭、問事業、問人際相處……都可以，不是開玩笑，人性到哪裡都是一樣的。

怕，都是自己嚇自己

回到做業務來，有沒有發現很多業務員在銷售的時候，也跟前面那個男生一樣，自己內心戲一堆，可是對方不知道你到底想做什麼？

業務大部分的怕，來自於這三點：

一、被拒絕怎麼辦？

二、客人覺得我們太現實。

三、沒有成交就會絕交。

這三點對我來講是同一件事，叫做自己嚇自己。想一下，客人到店頭（臺語，商店、店面的意思）來、或者我們跟他約碰面，他不知道你就是要賣東西的業務嗎？再來，要聊天對頻是誰要聊？是我們喔。話題既然是我們開的，要隨時暫停，先成交再繼續聊可不可以？

注意我的觀念：不是要你聊到一半，忽然冒出一句「你要買嗎」，而是像我對專程從高雄北上的粉絲客人那樣，不管在電話上聊得再愉快，還是要說因為時間關係，我們是不是要敲一下後面的流程，搞定了匯款、交通、弄證件等等，再繼續慢慢聊。**業務的聊天是以成交為前提，不是跟客人談戀愛談到結婚**，這點要分清楚。

至於被拒絕，要分三塊來看：

第一，做業務被拒絕就像開車上路會碰到塞車，叫**天經地義、理所當然**。你會因為出門可能塞車就認為是挫折，甚至把自己關在家嗎？

第二，**客人拒絕你的另一面，就是在告訴你他會買的理由**。你要在商談過程裡不斷嘗試成交，被拒絕了才知道「點」在哪裡。好比有人來看車，我試了幾次對方都沒有要買，只得到「再想想」這種答案。

我問過很多學員怎麼辦，大部分的人都覺得沒望了，是婉拒的意思，可是我會直接問對方：「那你在想什麼？」他就愣住。有的人會回：「我要回去問我老婆」，我就跟他說：「那我們現在打給她，問問她的意見。」這時候，如果家裡真的是太太作主，我就跟太太一起談；如果只是藉口，我們是不是可以再多問一點，敲出真正的原因在哪，再看怎麼處理？

第三，如果對方現在沒有要買，也記得留一個話術給客人，比方說：「要下決定之前，打個電話給我，說不定我們公司方案到時候更新，還可以比現在再優惠一點」，**讓他可能再回來找你比價**。會回來比，代表他還沒完全相信別的業務，我們還是有成交的機會。

6 做業務從不卑躬屈膝，我用氣勢震懾你！

我也是人，不可能百分之百成交，但不會把沒成交視為挫折。我的方法不是心靈喊話說「要把吃苦當吃補」、「你一定可以」，而是簡單的數學分析。

首先要有一個觀念：「成交很重要，卻不是人生的全部」，當你了解這個道理，在銷售的時候態度就會很自在；一個態度自在的業務，成交率自然會越來越高。我的基本精神沒有變喔，還是「一定要的決心」，就算沒成交，士氣也不會受到影響，依然很氣魄。

來算個國小數學。假設人生的全部是一個圓形，代表一〇〇%，那麼工作和生活、感情、家庭、興趣……各占多少百分比？成交在工作裡面，也不是一〇〇%喔，還有跟長官同事的相處、有公司其他政策活動要配合，這樣乘一乘，你會發現原來成交的占比沒有這麼誇張。

工作占比×成交占比×沒成交率＝你怕什麼

舉例來說，我在事業上的發展一直不錯，可是對我而言，業務工作占的重要性只有四〇％，感情、家庭、朋友這些相對分量更大；工作裡面，成交差不多占七〇％，另外三〇％是「人」的相處。

開始算囉：

- 四〇％再乘以七〇％，等於二八％，也就是在我的人生當中，成交這件事的分量占不到三成。為了好算，我們取整數算三成。
- 我的成交率大概七成，也就是沒成交占三成。拿前面「成交占人生的百分比」三成，乘以沒成交的三成，等於九％，取整數算一成。
- 需要為了占人生一成的事情，影響每天的情緒嗎？

換一個例子，假設一個人，工作占他人生超過一半，我們抓七成算很高了；成交占工作也抓七成。不過業務成交率要像我到七成可能很少，抓五成好了，也就是沒成交的占五成。

七〇％×七〇％×五〇％＝二四．五％，也才接近二五％。意思是事業心非常強、企圖心很旺盛，業務力也很不錯的人，畢生所有沒成交占人生最多也才四分之一而已，拆到每天、每個case，你看比例有多小。

算這一大串，是用數字再講一次我的座右銘之一：「不怕最大。」當你了解事情最糟糕不過如此，可以接受它的時候，就不用東怕西怕，只要表現出你專業的樣子，成交自然會好。像我的主管、同事都

成交是一切，
沒成交就完蛋了。
迷思
成交是生活的一部分
而已，怕什麼！

說我講case很有氣勢，例如有時候會直接跟客人說：「全臺灣就只有我有車，你不跟我買要跟誰買？」反而加速客人馬上下訂單的決心。

有氣勢不是凶喔，是平常用心經營人脈，加上眼光精準提早排單，真的自信能搶到熱門車配額，才敢對客人開支票。客人跟我買也是無比榮耀啊，當別人要排到明年，他下個星期就能交車，光接收羨慕的眼光都值回票價。

做銷售不需要卑躬屈膝，**業務員要有自命不凡的自我期許**，我們賣東西給客人，是他的幸福知道嗎！

業務對客人要謙卑，
甚至卑躬屈膝。
迷思
業務要有自信，必要時
要用氣勢成交！

7 堅持、有底線、堅持有底線

業務狀況題最好的老師，你知道在哪裡嗎？不是我，也不是任何一個講師，是生活。我很多業務技巧是買東西的時候，跟賣家切磋來的。

有一次，我在夜市看到一個小零錢包，覺得還不錯，問老闆多少錢，老闆說三百九十元。一般聽到開價三百九，會聯想殺到三百五，等於各自讓一點，客人殺到價、老闆有成交，雙方都有這種預期心理對不對？

殺價是心理戰

可是實際上，殺一次就會買的應該只有我，通常場面會「盧」（臺語：挐，糾纏賴皮的意思）來盧去盧半天，低還要更低，弄到沒完沒了。

我常教人賣東西，曾經教過老闆可以這樣講：「原價三百九，今天特價三百五。」接著湊過去小聲對客人說：「因為你氣質特別不一樣，只有你，我給三百三！」

這麼做的原因有兩個：

一、第一口先踩一般人會想的整數價錢，再利用人都喜歡「跟別人不一樣」的心態，順勢跌破整數心理關卡，**造成「降兩段」的印象**。三百三跟三百五只差二十，可以感覺到利潤空間有限，有降價的誠意了。

然而是不是用「氣質」來創造差異不一定，要看那個客人的特質，也可以很帥氣、輪廓很美、氣勢很強、很會搭衣服……總之要放在你們聊天的時候，客人有反應的事物上。

二、客人真的會在意二十塊錢的價差嗎？很少啦，大部分是要「**享受殺價的快感**」，你知道他要殺了，給他一點點感覺，就成交啦。真正成本可能才兩百五，老闆還是賺啊。

如果還是有人繼續殺，怎麼辦？我只有兩個字：堅持。不堅持的話，客人會覺得前面講假的。給到三百三假如又要殺，就說已經到底，不然就算了。如果講沒兩句就退，哪怕只便宜一塊錢，客人知道你有空間，絕對會一直進攻，你又一直退，最後只能抱怨生意好難做。

我為什麼會知道這些？是因為常常觀察，看自己也看別人。還曾經看過別人殺價殺半天，好比同樣三百三十元成交，付給老闆五百元，結果東西拿了人就走了，老闆還追出去一邊喊：「小姐！找妳的一百七！」你覺得她真的在意價錢嗎？

說不在意價錢，卻又一直談不攏的客人

殺價盧半天不稀奇，有沒有碰過嘴上老講不在意價錢，但怎麼談都談不下來，又一直回來找你的客人？

有一天我行程比較滿，所以事前約一個客人早上八點十分商談。我做事都會提前，當天七點五十五分到公司開門的時候，他已經在外面等了。一問之下才知道，他七點四十分就帶著早餐，站在我們公司外面吃。

聽起來是個「好咖」（臺語：好跤，容易相處的人），可是我跟你說，這已經是第二輪了。

前一次他來，我們談了三、四十分鐘，他一副講得氣魄很好，好像很不計較價錢，但其實非常在乎，每次碰到錢就鬼打牆又重新來一遍。怎麼擊破他呢？我告訴他如果你馬上決定，我不會讓你失望，保證比市場行情再便宜五千元，絕對是最優惠的。

我的理念是「如果你相信我，我會讓你得到更好的」，習慣讓客人知道，做一個好人可以得到更好的結果，而不是被騙；當人被騙一次以後，他就誰也不相信了。

於是我跟他說：「我們是互相的喔，這叫良性循環，你不用擔心我唬弄你，如果打聽到現在給你的條件不是最好的，我全額退費！」

以我在業界二十多年的名聲，講到這樣，保證度很夠了吧。但，沒有簽。第二輪，也就是這一次，他要求條件比照上回。我說那天有特別聲明要「馬上決定」才有，這時候他就沒再講不計較價錢，而是緊抓著要便宜五千。我說：「這樣好了，人家捐一副棺材五千五，我拿要便宜給你的五千，再貼五百湊滿五千五，用你的名字幫你做功德，同樣有誠意，還更良性循環。」結果他大笑，笑完以後，才說上次沒決定，原來是因為開現有的舊車去估價，價錢不夠漂亮，所以猶豫了。

再往下聊，得知他去年已經找二手車商估過一次價，比方說八萬好了，他印象停留在八萬；今年再估，車子又老了一歲，當然賣不到八萬。再來，舊車A（臺語：挨，擦撞）到好幾次，板金換了好幾片，價錢更不可能好，他卻爭說車整理得很美，我說人家有的大撞車以後把整輛殼換掉也很美啊，他也聽不進去，硬是要估到去年的價錢，弄得連我配合的二手車商都不想接，場面又僵住了。

業務要說到做到，不給殺就是不給殺

我不想再繼續鬼打牆，直接跟他說：「上次我就給你很優惠了，你沒訂，繞了一圈又回來，我還是一樣對你好，反正賺的錢也只是幫你捐棺而已啊。但是不能一直這樣，這一次我要讓你知道什麼叫做好人有好結果。你願意相信我的話，買新車條件一樣優惠、舊車照二手車商現在估的價；如果不相信我，然後明天以後又打來，新車不會再有這個條件，我也不會再估你的舊車。請你想清楚，這次我一定會非常堅持，請相信我的堅持！」講完，他馬上決定訂新車，舊車也交給我處理。

這個 case 有幾個關鍵：

一、已經很優惠，當場不下訂然後又跑回來，表示一定有事情沒弄好，要找出真正原因在哪裡。以這個案子來說，關鍵在舊車估價不如預期，我們站在專業、客觀的立場，要讓客人知道行情到哪裡。

二、要讓客人深植我們「說到做到」的印象。

三、碰到殺價，我們可以退一步，但不能一直往後退。一直往後退就錯了，有時候「堅持」很重要。

可以理解業務渴望成交，卻不能無止境退下去，那客人就會覺得：「哇！原來可以前進這麼多，還好我有這麼做」，最後吃虧的是誰？還不是業務。

業務會一直退，是因為不相信、或沒有辦法確認自己心裡到底在想什麼，要反轉這個狀態，請再看一遍第一章講過的「大水庫」觀念，清楚手上有多少籌碼，才知道資源怎麼配置。

8 心電圖成交法，疫情期間讓我業績照樣嚇嚇叫

小凱是我們公司的年輕業務，本來做沿街拜訪的銷售工作，轉來賣車做了四年多，成績中等。照理說這個年資，以他的能力，業績應該可以再好一點，直到有次他找我問一個case，我發現是觀念卡住了。

客人對折扣的心理：一山還有一山低

買東西貨比三家很正常，換支手機都要比半天，更何況車子，所以汽車業拚價格、拚「神單」（網路用語，送很多、折扣很大的優惠明細），競爭非常激烈。

有一次，小凱跟別所好幾組業務在搶一個客人，能放的籌碼都放完了，客人還要比價，他猶豫要不要賠兩萬元，像電影《賭神》那樣一把全「梭」（博奕用語，將籌碼全押上的意思）了，再找長官求救，或者之後別輛有賺了再補回來。

「你覺得兩萬貼下去，客人一定跟你買嗎？」我問。

「我也不知道。」他聳聳肩。

「你虧兩萬塊給一個客人沒有意義，不如把這筆錢拿去分散投資十個客人。」我建議他。

他愣了一下，想一想，好像懂了。回

迷思
降價就是要一把全梭了才有感。
想過怎麼投資養客人嗎？

去以後，他沒再往下報價，改把原本打算拿來賠的兩萬元拆成十筆，帶著每筆兩千元的預算去跑十個客戶，反覆拜訪、送送小禮物。才短短一個月，就因為這些積極行動，成交了三個有賺錢的案子。他大受激勵，每天主動加班、更勤跑客戶，業績明顯進步，而且不用再傷腦筋要不要賠錢賣了。

小凱原本的想法也合情理，只是因為案子太少，看到「眼前這一個」就想不計代價簽下來。我提醒的點在於就算不計代價，也不能保證客人會跟你買，不如把資源花在擴大案量上。當你眼界打開，對事情看法就會不同，十個裡面至少中兩、三個，有成交又有賺錢，是不是比孤注一擲好？

記住，你的**目標是成交、賺錢，不是比誰降的價錢最多。**

怎麼掌握客戶情緒？心電圖效應

跟女朋友求婚，讓她驚喜還是驚悲容易成功？再具體一點，雙胞胎哥哥說：「嫁給我，我會讓妳幸福一輩子。」弟弟說：「不想孤老一生，就跟我結婚吧。」兄弟兩人家世、外型都一樣，如果你是女方，會想嫁給哪一個？

二〇二〇年新冠肺炎（COVID-19）期間，我的業績沒受影響，照樣拿第一名。**在疫情狀況下**，我會用開玩笑的語氣跟看車的客人說：「現在活著比較重要！買一輛車，少坐大眾運輸，保護自己也保護家人。」**講到價錢**，我說：「反正全世界利率都這麼低，辦貸款就好，搞不好政府過沒多久又紓困。」塑造安全又沒有負擔的氣氛。

很多人覺得新聞是開啟話題的王道，這個對一半，另一半要看你怎麼帶。像疫情這種比較負面的話題，點到為止就可以，趕快把注意力導向好的畫面，不要越聊越恐怖，聊到後面他覺得人生無望，什麼都不買了。人在不開心的時候，不會做出快樂的選擇，而在快樂的時候做決定最快。我甚至會誇張一點說：「現在買，以後通貨膨脹，用兩顆雞蛋就能繳完貸款，多好！」客人都會笑出來，覺得很有趣，就不會一直糾結在很小的數字上。

前面這個過程就是所謂的「心電圖效應」，讓客人的情緒隨著你講話高低起伏，不是像木頭人呆呆的聽。

以剛才說的為例，「活著比較重要」好像很嚴重，神經會繃一下，然後講到「保護家人、低利貸款」時恢復平穩，最後「用兩顆雞蛋繳完貸款」很搞笑、情緒跟著往上，把握這個時候提出成交，不只速度快，客人對我的印象好，回去以後講到我、幫忙轉介紹的機率也高。

迷思
恐懼容易促成行動。
用心電圖效應開心成交，關係更好！

9 先賣客戶自己想要的，再賣他真正需要的

為了提高成交率，業務時常被教導「要幫客人想」、「要為客人好」，可是，你真的知道什麼才是對客人好嗎？有一次我去保險公司演講，結束後碰到學員小張私訊來問一個狀況，大概是很多業務常碰到的典型。

既然客人該買A，那就先推薦B

小張因為朋友介紹，認識一個有錢的老先生，他照業界的做法幫他做保單健檢以後，認為老先生年紀大了，應該多加一點醫療險，所以很用心為他擬了一份新保單。沒想到提出以後，老先生不大想買，反而看他認真的份上，跟他說買了不少別家業務提來的儲蓄險。

小張覺得很委屈，認為客人不懂真正的好業務、好產品，同時認為別家業務只為了自己獎金，沒有為客人著想，問我應該怎麼辦。

你知道我怎麼說嗎？

我回他：也提一份儲蓄險過去，先成交再說。

「老先生年紀大了，應該多加一點醫療險」，請問是誰這樣覺得？是業務。但老先生實際的情況只有他自己知道，可能在他心裡認為，多存一點儲蓄險，萬一發生什麼事，保障感比醫療險更高，甚至子女會因為錢的份上加倍照顧他也說不定。

總之，不要先入為主，要別人一定得

接受你認為的好，這就像小孩已經吃飽了說吃不下，但天底下有一種餓叫做媽媽覺得你餓，一直要他吃；小孩覺得已經很熱了，但有一種冷叫做媽媽覺得你冷，一直要他加衣服，你覺得這個時候小孩會感恩嗎？

媽媽**用心很好，可是要懂得看情況處理**。同樣的，業務也是。我說「也提一份儲蓄險過去，先成交再說」，用意在先幫自己賺一份獎金，接著在成交以後取得老先生更多信任，才有機會繼續推醫療險，實現自己為對方著想的用心。

那麼，也會碰到客人想要往東，可是往東真的不大好，或者公司最近政策希望客人往西，要業務盡量推的情況，怎麼辦？這是進階題，我也有案例，請看下一節。

10 比起談產品，我先關心客戶的生活品質

在油電車、純電車興起之前，有陣子流行將汽油車改裝成瓦斯車，對里程數高的營業車（也就是計程車）來說，可以省一些油錢。不過臺語有句俗話：「有一好，無兩好。」意思是魚與熊掌不可兼得，瓦斯車要到特定的地點「加氣」，不像加汽油方便；還有因為引擎燃燒溫度高，對車子壽命也有影響。

講對方聽得懂的話，比專有名詞還專業

我不會跟客人說一定要做或不做什麼，一來就像上一節的有錢老先生一樣，我們不知道到底什麼對他真正好；二來萬一出狀況，他不會認為自己的決策不對，而會把氣出在業務身上，認為我們給了錯的建議。所以，我會用簡單

道理，講客人聽得懂的話，再搭配引導問句，讓他自己說。

好比有人來問汽油車跟瓦斯車哪裡不一樣，改裝瓦斯車好不好，我會這樣說：

「你平常三餐吃飯嗎？還是什麼？」我問。

「吃飯啊，偶爾吃麵。」通常對方會這樣回。

「如果每天吃飯的時間到了，我忽然都給你吃麵包，從此吃一輩子喔，不是像去國外玩，偶爾吃一個星期，這樣你受得了嗎？」

「當然受不了啊。」

多講專有名詞
才顯得專業。
迷
思
講客人聽得懂的話，
才能引導他講出我們
要的結果！

「對啊，叫你一輩子吃麵包怎麼受得了。一樣的意思，我們是用汽油當燃料的東西，你一直給它灌瓦斯，會受得了嗎？」

「嗯，應該受不了。」

這樣用吃飯來比喻，絕大部分的人都會維持原狀，不是我叫他不要改，是他**自己「感同身受」所做的決定**。當然還是會有很少數的人堅持要改瓦斯，我們就尊重，只是萬一發生狀況，就再把吃飯和吃麵包的例子拿出來，讓他回憶一下，是他自己覺得可以的。

客人堅持要雙滑門，為什麼最後買單滑門？

二〇一七年七月，一位陌生客人來電詢問的車款，是二〇一六年底才從日本導入國產化的SIENTA。SIENTA有一千五百C.C.、一千八百C.C.兩種排氣量，這兩種又分五人座、七人座，再依照配備不同，加起來一共有六種款式。

這位客人要一千八百C.C.、七人座附雙電動滑門的，符合這條件的有兩款，價錢都在八十萬以上，頂級款接近九十萬了。

接電話的是我同事，我剛好在旁邊聽到，他們講了很久都談不下來，癥結點在客人堅持要雙電動滑門。可是雙滑門當時缺車，下單後生產到交車要兩、三個月，雖然客人說不急可以等，但對業務來說，能馬上成交、盡快交車是最保險的，拖久的事情，中間很容易發生變化。再說，客人已經要買，差異只在滑門開一邊還是兩邊都開，不是影響非常大的事物，有機會讓他改變心意。

同事一直談不下來，希望我幫忙，當然沒問題！

我打過去以後，先問客人怎麼會想買雙電動滑門，如果是其他配備的話，「裡面有一半我們這個月做活動都有送了，其實買單邊電動滑門就夠，不需要花那麼多錢」。客人表示很喜歡雙電動滑門，感覺很高級，而且兩邊都可上下，載人載物都方便。

從這段對話可以聽出來，電動滑門的高級感和便利性是關鍵，其他配備其次，所以要引導他重新認知單滑門設計有它特殊的用意。

「我跟你講，為什麼我們賣單滑門的多？就是大部分消費者不想要雙滑門。第一點，主要是因為左邊開車門很危險，有人還特別去把左車門的兒童安全鎖鎖起來；第二點，你們家的人可能都習慣了，從左邊下車也知道要回頭看一下，可是偶爾載到親戚朋友，他們覺得從左邊開門很方便，電動門一開馬上就衝下去，多危險你知道嗎？人家都在鎖兒童安全鎖，你還給他電動自己開！如果左邊打不開，只能從右邊下，對你、對其他人反而安全，你不覺得嗎？」

「對欸。」他開始動搖了。

我繼續說：「那為什麼我們這款國產車專門設計這樣子，你知道嗎？」

「為什麼？」他聽我講單滑門的好，也好奇為什麼要出雙滑門。

「因為這款車從日本來，日本沒有左右駕的問題，它有的左駕有的右駕，有人從這邊下、有人從那邊下，所以才要兩邊都做滑門。我們出這個款式，是按照日本方面的要求，以臺灣固定左駕來講，當然是右邊開門比較安全。你覺得買這個是不是比較好？」

「嗯，好，我相信妳。」他很快改變心意，決定要買單邊電動滑門的。

前一通電話講很久都談不下來，我幾分鐘就搞定，訂單還掛給原來講電話那個同事。

單滑門、雙滑門都很好，我們不要去否定客人喜歡的事物，而是用前面講的「心電圖效應」，讓他感受乘客從左邊下車的危險感，再用限定從右邊下車最安全的穩定感來對照，他就會做出我們希望他做的決定。這個道理不只用在賣車，賣什麼都通，我換一個賣保險的例子。

多花錢升級保險，買個「心疼老公」

一對中年夫婦來看車，他們本來開我們家小車 YARIS，想換進口休旅車 RAV4。看了實車很喜歡，價錢也談得可以，差不多要簽了，我看新人同事小彥工作很認真，想說給他練習，就把案子掛給他，請他完成接下來的流程。

小彥後來用電話向客人確認資料時，卻卡在貸款期數上：客人想貸五十萬分三十期攤還，而公司一般希望業務推三十六期。儘管能成交都算業績，只是站在服從公司政策上，我們會盡力推公司要的。考慮到**客人的著眼點在盡快還完**，加上三十期和三十六期差異很小，小彥一時講不出有力的說服點，兩邊開始糾結。我在旁邊聽到，就湊過去幫他講。

打過招呼，我對電話那頭的太太說：「差六期，三年利息加起來才差五千塊，可能全家去吃個好一點的歐式自助餐，搞不好都不只五千。我們多貸六期，每期要分攤的錢就減輕了，生活就不用沒品質，不用本來三天洗一次頭變一個星期洗一次，臭得跟瘋婆子一樣，這樣妳會快樂嗎？買了一輛車生活就沒快樂，值得嗎？妳把自己弄得香噴噴的，然後坐在車上，那個才叫做享受，幹麼不多貸一點？」

對方是太太，而我**用生活品質切入**，是因為見過這對夫妻，知道他們經濟條件還不錯，否則怎麼會從國產小車換進口休旅車？中年加上經濟條件中上，對生活品質的重視度，會超過三年下來才五千元的利息，然後再用吃飯、洗頭來舉例，很容易就感受到快樂真的比較重要。

講完，我把電話還給小彥，沒想到接下來要保險，又有狀況題……。

小彥調出先前的資料：乙式，沒有出險過，紀錄良好，續保的話會有一點折扣。

保險是這樣的：保費越高，保障項目越多，像甲式最貴，其次乙式，丙式最便宜。同時，還會依照車價高低、持有前車時間以及有沒有出險而浮動調整。為了方便了解，我取「最接近原價的整數」整理成下表，都還沒算進續保折扣。

小彥調資料試算的時候，產險公司建議他讓客人買丙式就好，原因是前面國產車YARIS保乙式，以沒出險的續保金額，換過來保進口車RAV4丙式，也就是兩萬九千元變兩萬五千元，價錢差不多，很好對比。小彥對客人商談也這樣講，結果對方不希望保障範圍變小，講

車種／保險	國產車 YARIS	進口車 RAV4
乙式	29,000元	42,000元
丙式	19,000元	25,000元

▲ 國產車 YARIS 和進口車 RAV4 的保費比較（未算續保折扣）。

一講場面又卡住，跑來問我怎麼做比較好。

「那更應該保乙式啊！」我馬上回他。

「為什麼？」他好奇我怎麼好像連想都不用想。

「續保折扣是算百分比的，單價越高，折扣打下來便宜的錢越多，對不對？」我的意思是折扣假設同樣五％好了，國產車保費的五％和進口車保費的五％，哪個金額多？

「對喔。」小彥懂了。

「還有，進口車零件貴，它換一個車燈，YARIS可以換三個燈、四個燈、五個燈，哇！五燈獎你知道嗎？這麼划算你幹麼還不保？」

小彥聽到這裡，彷彿看到車燈一個一個亮起來，馬上要去讓客戶保乙式。

但，我還有更厲害的。

「我們還有一個項目叫做駕駛免追償。一般的保險有限制範圍，像配偶、家屬、四等親內血親和三等親內姻親；如果保『免追償』就是朋友開、親戚開、路人開、小偷開都沒關係，事故都會賠。」我說。

聽到「小偷開都會賠」，小彥大笑。可是笑完我請他再演練一遍，就卡彈了。原因是免追償雖然只要再加幾百塊，但是客人沒出過險，紀錄良好，而且平常只有先生在開，根本不會借別人，所以沒有需求。

好不容易克服從國產車乙式換進口車乙式貴一段的價錢問題，現在又要再加買不需要的項目，小彥怎樣都想不通該怎麼推。

講到這裡要先岔個題。這對夫婦有非常虔誠的信仰，匯錢都要看黃曆那種。本來訂車要交訂金，因為不在對的日子，先生堅持等到好日子再一次匯頭款都沒關係。聽我說 RAV4 真的沒車，沒交個訂金先排單，車來了只能眼睜睜看它送去給別人，太太才私底下匯一萬元給我，特別叮嚀：「妳不要跟我老公講，到時候再偷偷還給我就好。」

從這個行為不難看出他們感情很好，太太很尊敬先生，所以我教小彥從夫婦感情切入，可以對太太這樣說：

「有沒有想過，有一天你們跟朋友剛好一起開車去比較遠的地方旅遊，出發通常老公開，這沒問題。但要開長途的回來時，朋友說：『我幫你開一下。』妳會說不用嗎？老公要開車、要講話、要走路，一整天明明很累了耶，如果這時，他忽然想到保險只保兩個人的，臨時要換別人開，壓力這麼大妳覺得他還睡得著嗎？一年多花幾百塊，換老公安心睡一下，是不是就值得了？」

小彥覺得很神奇，我完全說中那對夫婦的狀態。

我笑說自己是仙姑，繼續講下去：「你們有在拜拜嗎？」

「有。」小彥模仿太太的角色回。

「你們去廟裡會不會添香油錢？」我問。

「會啊。」他已經入戲很深了。

「添兩百塊就有小平安，添五百大平安，妳沒有感覺嗎？就像去收驚，兩百小收，五百大收，是不是？」

「對欸。」他說。

「妳就當作給和泰產險添個香油錢，全家就會很平安，對不對？」

後來小彥用這套講法，成交車子後順利的賣出乙式保單，還加賣了免追償。事後我問小彥，他本來的講法和我有什麼不同，他說自己一直在講條文、比價差，可是關鍵不在條文甚至也不在價錢，在於太太心疼先生的心情。

我稱讚他聰明，**我們推東西要和客人的生活有連結，他才會有感覺。**像開長途很累想換人開，就是生活裡常碰到的情境，就算一年只發生一次，也值回票價。

這個案例包括賣車、貸款、保險，如果再加上二手車和升級配件，一共五項，在我們公司的行話叫做「五福臨門」，意思是銷售範圍不只賣車，還有相關的周

邊商品。這個觀念不只適用汽車業，賣房子、保險、3C、美妝保養……都一樣，就算賣衣服好了，通常也賣賣飾品，這些「附加服務」都是我們可以順手多賺的。

有的業務認為連主力商品都賣得很辛苦了，哪有力氣多賣周邊？可是我認為這些都是客人的需求，我們提供服務，多問一句、多推一把，幫客人省麻煩，又幫公司賺、幫自己賺，所以早已練習過這樣賣過去、那樣賣過來的串聯技巧。

「五福臨門」有難度沒錯，不過再難的事情多練一練，習慣了就沒什麼，甚至還多了很多銷售機會。

11 他明明買貴了，還心甘情願幫我打廣告？

我去電信業上整天的工作坊，講到「選號」經驗，全臺北中南二十場、一千多人次下來沒有例外，每一場都說不管給再好的手機號碼，都會有客人問：「還有更好的嗎？」

我笑說賣車也一樣，拚死搶到車牌一六八，客人還問有沒有八八八，怎麼辦？不用動氣，跟他說「有喔」，他眼睛一定會亮起來，然後馬上補一句「二十萬」，他就會知難而退，這時候不用錢的號碼就顯得也蠻漂亮的。

賣東西**給客人選擇**是應該的，不過和時間一樣，**也要畫一個框框出來**，讓他比較以後，選一個想要的。如果不畫框框，以買車來說，等於從小房車試到大房車再試休旅車，開半天開到記憶混亂、分不出到底哪輛是哪輛，你覺得會成交嗎？

不只車，看房子、看手機、看電器、選髮型、做醫美……都一樣，人的腦袋記不住這麼多規格和價錢，要給他好記又有選擇的感覺。我舉以前賣過的輪弧為例，這個配件現在已經極少人在裝，所以可以「洩密」。

輪弧有三種——用差異化包裝，圈住客人認知

輪弧，汽車輪胎上方的弧形車殼區域，以前流行裝鍍鉻、看起來亮晶晶的，或者純黑、看起來很酷的裝飾品。不管亮的或黑的，一組四個（要裝在四個輪胎上方）成本價一千八百元，市面上含施工大概賣兩千五到三千元。

換句話說，業務員每賣一組，大概賺七百到一千兩百元；當然也有為了競爭搶客人，售價跌破兩千五，只賺個五、六百的。這個情形就像大部分賣東西的店家一樣，基本上往低價賣的多，往高價賣的少。但我自創「輪弧有三種」賣法，既贏得公道口碑，又賺到好利潤。

客人想裝輪弧的時候，我會問：「你想裝哪一種？」換成是你，是不是會

好奇：「有哪幾種？」

接下來我會介紹：「現在市面上主要有三種：第一種，品質還可以，蠻划算的，一組一千二。雖然裝起來密合度有時候會差一點點，不過用手壓一下黏回去就OK了。」車子畢竟是幾十萬的產品，聽到「密合度有時候會差一點點」、「用手壓一下黏回去」，我沒有講它不好，但是大部分人會直接問：「第二種多少？」

「第二種是歐洲進口車在用的，密合度很好又耐用，只是價錢也比較貴，一組要兩萬二。」從一千二一下跳到兩萬二，有沒有覺得熟悉的心電圖效應又來了？我緊接著說：「第三種是專門幫第二種做代工的，品質差不多，只是裡面沒有那個mark（商標），所以賣得比較便宜，一組五千。」

經過這樣介紹，十個客人有八個會買第三種。但我打給配件廠的時候，只說：「輪弧訂一組。」不必註明哪一種，你知道為什麼嗎？不是因為訂第三種的比例高，而是事實上只有一種——就是開頭提到成本一千八的！透過包裝，讓它聽起來像有不同規格。

好，那麼有人買一千二的怎麼辦？認賠啊。就像也會有人認為便宜沒好貨，要兩萬二的一樣，尊重市場選擇。只要賠得少、賺得多，加起來還是賺的就好，這又回到第一章講過的「大水庫」觀念。

故事還沒完。陽光底下沒有祕密，所有價錢都會在市場上流傳開來。車友們最喜歡在一起比車子，特別像這種玩點改裝的，更喜歡比哪裡裝的、裝多少錢。在我這裡裝的，假設叫小李好了，當他的朋友問：「你裝多少錢？」他回「五千」的時候，絕對會被笑說是大凱子。不過當小李回問對方，朋友說「兩千五」且沾沾自喜的時候，小李反倒會笑他：「你知道嗎？輪弧有三種，我這種是做進口車代工的，你那種的最便宜，娜娜只賣一千二，你才被人家騙了！」

朋友不相信，到市面上問一圈，絕對問不到低於成本一千八的。就算有人賠錢賣要搶客，也低不到一千二這麼誇張，所以口碑一傳開就顯得「娜娜最公道」。當這樣一傳十、十傳百，我不只銷售量超過別人，價格也不用跟大家一樣混戰殺到見骨。

除了推薦適合產品，還要有酒店小姐的細膩度

覺得輪弧很陌生、很遙遠嗎？同樣道理，拿來賣手機一樣通。接下來這個例子，是二〇一九年我在某上市電信公司巡迴工作坊教的，學員都說好用。

假設經過一番聊天，客人明說有兩萬元預算，撇開公司的ＫＰＩ（Key Performance Indicator，關鍵績效指標，在業務單位常指活動期間主推產品）不算，你會怎麼套用前面的輪弧案例，安排三支手機來包圍客人？

我抽樣問了一些學員，為了方便起見，我挑幾組放上來，直接以價錢來表示那款手機。

- 學員Ａ：一萬七、兩萬、兩萬二。想法：以兩萬為中心，讓客人知道往下減三千少了什麼、往上加兩千可以得到什麼，促使客人在兩萬和兩萬二之間選擇。
- 學員Ｂ：一萬五、兩萬、兩萬五。想法：和學員Ａ接近，但價格差距再

大一點。

- 學員C：一萬八、一萬八、一萬八。想法：丟三支同價位但不同品牌，讓客人在同一價格帶中選擇，然後留兩千推配件。
- 學員D：一萬、一萬五、兩萬。想法：一萬的作用是襯托另外兩支，主推會放在一萬五，留五千推配件。
- 學員E：三萬、兩萬五、兩萬。想法：銷售久了會知道如果預算有兩萬，實際購買力可以到三萬，所以把兩萬當作基底往上賣。
- 學員F：一萬、一萬八、兩萬五。想法：前兩個在預算內，一萬的作用是襯托另外兩支的好。客人也可能買好一點的，兩萬五作為備選。

以上這些都是第一線優秀業務的經驗談，都很好，業務最棒的是要有「想法」，實戰以後才有根據做調整。

那如果是我來賣，想法不只要成交，更在「縮短決策時間，盡快成交」，所以會拉大差距，安排一萬、兩萬、三萬的陣線。

這個價差和上面有些學員接近，同樣以一萬元為單位跳級，但想法不大一樣，我分兩塊來說：

一、預算有兩萬的人，不會對一萬這種差一大截的產品有興趣，拿出來是襯托兩萬明顯比一萬好；其中「明顯」很重要，不用解釋太多，讓客人看一看就自動排除它。

二、接下來看三萬，並不是抓購買力可能到三萬，而是考量到隔壁其他客人可能正在看三萬五、四萬的款式，我們拿個一萬七、兩萬的產品，等同變相在說「你買不起」，這份意思雖然沒有講出來，但有些比較敏感的客人會感受到微妙差異，就可能影響判斷。

這裡開個小玩笑，**做業務要有酒店小姐的細膩度，**

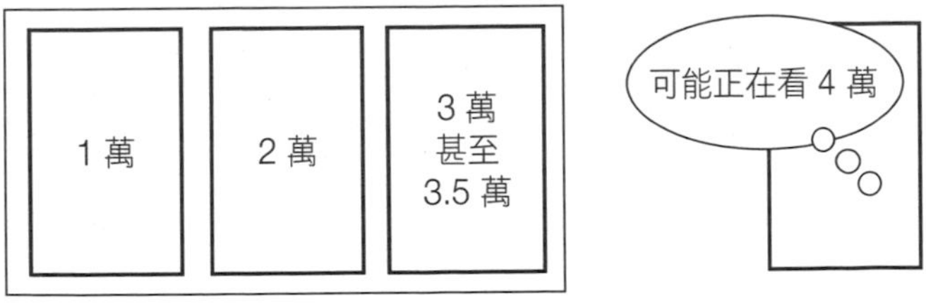

▲ 好用的三個選擇，拉大推薦產品的價差。

讓客人在心理層面感到舒服。所以假設旁邊在看四萬，我甚至會拿到三萬五，縮小兩邊差異，然後再說明高階款真的很棒，可是和兩萬這支的功能有九〇%一樣，只差在一〇%的特殊專業規格，不如更有效率的利用多出來的預算。

關於細膩度這塊，不只手機，車子、房子、電器、美妝保養……都是，所有人都不希望別人看輕他，可是當他看了高價品卻買不起，買不起又放不下就麻煩了，**永遠要找一個樓梯讓客人下來，而且還倍感尊榮**。以手機為例，給他看一下很貴的，再講說很多功能用不到，讓他順勢放到一邊去，回到適合他的產品上。

業務成交沒有標準答案，有需要花心思的，也有單純反而能拿大單的。下一節這個故事發生在我剛入行還很菜的時期，和客人到現在還保持聯絡。

12 前輩都不想接的客人，遇到我馬上成交

做業務，技巧可以百變，對人的真誠不能變。不管你資深資淺、口條好還是普通、長得好看或者親切，要記得「真誠」是業務員最無敵的武器。

我是一九九七年進公司的，這個故事發生在剛入行沒多久的菜鳥時期。以下新臺幣金額，都採用那時候的，幣值換到現在，至少再乘以一．五。

有一天，一位看起來二十出頭、像普通大學生的「美眉」來公司看車，一進來就問：「你們這裡哪一輛比較貴？」學長、學姐看她的樣子，大多沒當回事，只用手比了比停在裡面的 AVALON。

美眉望了一眼車子，又冒出第二句驚人之語：「那輛頭款最低要多少？」年輕人看好車不是問題，問題是只想付最低頭款，也就是必須貸款高成數；以

她工讀生的模樣，推估月收入兩萬已經很了不起，後面跑申請流程，九九％會被退件。

大家很有默契的把眼光投向我，意思是要我這個比美眉大沒幾歲的菜鳥小妹去服務她，沒有人想走過去帶看，甚至認為她拿型錄，是要帶回家摺裝垃圾的紙盒吧。

先說明一下，在和泰汽車引進LEXUS之前，AVALON是TOYOTA體系最高階車款，美國進口的，車體、售價都比CAMRY再高一等，當時差不多一百三十萬起跳，大部分是中高階主管或中小企業老闆在買，所以學長姐有這種反應，也算人之常情。另一方面，反正我也沒客人，想說不如去練練話術，萬一她買不起大車，搞不好聊一聊可以「洗」（業務術語，改變客人心意的意思）她買小車啊。

「不好意思，我們這輛車因為單價比較高，還是要一點頭款，不知道妳可以嗎？」簡單招呼後，我直接切入正題，實話實說。

「那……要多少？」美眉問。

「至少二十萬。」我說。接著跟她講要貸高成數的話，有一些流程要走，會需要財力證明，而且每個月要繳的錢也會有個額度，用意是希望她先有心理準備。

「喔，我沒有錢。」

一般人聽到這裡，大概會覺得她在裝笑維（臺語：裝痟的，胡鬧搞笑的意思），再聊下去才發現劇情超展開：他們家族在新北市經營大型婚宴會館，蠻有名的。由於是家族企業，所以在財務上也共享，像買車的頭款自己付掉以後，後面還貸款的錢全部開公司支票來付，所以她才問「頭款最低要多少」。

她不是特例，家族裡其他幾位阿姨、姑姑、叔叔、大伯……都一樣。買這麼大的車，主要也不是她開，是她爸。只是爸爸因為太忙抽不出時間到處看車，乾脆讓女兒幫自己挑一輛。

接下來，差不多報價就成交。她臨走之前看了一眼車裡的地墊，問：「這個多少錢？」這款頂級車比較少人買，而且買車本來就有送一組，幾乎沒有人會加購。

我其實不知道多少錢，但人家既然有意思要買，總不能說再去查，那樣顯得很不專業。想說它的毛比其他國產車配的地墊長，感覺很高貴，所以隨口報了「八千」，她聽了點點頭，說：「那再多一組。」整個成交過程速度之快、價錢之漂亮，讓看笑話的學長姐跌破眼鏡。

過沒幾天，美眉又來公司找我，學長姐看到，在旁邊紛紛露出偷笑的神情。在汽車業，年輕人很快做決定買了高階車款，隔沒幾天主動跑來，就經驗來說，通常是來退車的。

「你們七十萬左右的有什麼？」美眉一看到我就問。

要說退百萬級換中上的，也在情理之中。我一邊介紹，一邊問為什麼想看七十萬的。

「回去以後，我才知道我阿北（臺語：阿伯，叔伯的意思）他們都買歐洲進口車，這樣一算就不對啦，我來把錢補到差不多。」

結果不是退車，是加買！一個星期之內對同一個客人連續成交兩輛車，而且都沒講價，超神奇的。

美眉說，她先前也去看過歐洲進口車，但沒有人理她。我們營業所離他們家開的婚宴會館不遠，加上她爸爸認為TOYOTA品質好而且形象低調，可以接受，於是也過來看看。碰到我，聊一聊覺得很舒服，不像別人那麼勢利，就買了。交車那天，她還送我一支星辰錶，和我已經變成姐妹淘。

幾年後，二〇〇一年納莉颱風來襲之前，我建議她颱風來用不到車子，不如先開來我們廠裡做保養。沒想到那次風災非常嚴重，新北市幾個區域大淹水，連她家也受影響，而我們保養廠在二樓完全沒事，她和媽媽稱讚我是他們家的福星，一直保持關係到現在。

和他人相處最好的方式：不預設立場

這段要說的是：

一、不要單憑外表下判斷。

每個人的個性不同，看外表就認為這個人有消費力或沒消費力是錯的。每個客人都有他的價值，就算美眉是打工族，我還是很樂意跟她介紹，買不起大的就買小的，這個道理就像做小吃的攤販，一碗二、三十元賺點零錢，積少成多照樣一輩子不愁吃穿。我的出發點只是為了跟她開心聊天，當你願意嘗試「單純讓一個陌生人開心」，無形中就打開機會的大門。

二、實戰是最好的老師。

上再多課、做再多角色演練，都比不上客人講出來的話，有時候對方天外飛來好幾筆，會逼得你要想出新的答案來對應。起初不順沒關係，多試幾次就知道那個眉角在哪裡，功力馬上進步好幾成。

三、不要用我們很複雜的腦袋，去想別人很簡單的事情。

講話可以委婉，但不用繞來繞去，例如收入普通的人要買好車，會碰到自備款的問題，我會像前面那樣直接說：「還是要一點頭款，不知道你可以嗎？」報出價錢，馬上會知道可以或不可以，再看怎麼想辦法。有的人不是，開口前揣摩半天，角色模擬了八百遍還是不敢講，可是沒講出來，怎麼知道結果？

四、有錢人沒有跟我們想的不一樣，是你想太多！

有錢人是人，沒錢人也是人耶，哪有跟誰相處就不一樣。很多人問我怎麼跟高階客戶或者自家的高階長官相處，我的回覆都一樣：你怎麼跟朋友講話，就怎麼跟這些人講。再高階也是人，不是神，要不

要揣摩客人，
準備好了再出手。
迷思
溝通越簡單
直接越好！

然他們不用走路，都飛在半空嗎？我從來沒有把他們看得很厲害，你有你的官階，我有我的專長，態度大方自然，就是最好的相處方法。

成交，是互利的藝術

成交是技術更是藝術，需要不斷練習。除了跟客人練，還有一個平常生活最好的練習機會：從別的業務身上學習。

我常去一家百貨公司，做Spa、買用品、吃東西……都在同一棟大樓搞定，很省時間，連帶我對這些服務人員都熟，時常主動教他們增加業績的小撇步。

舉個例子：該棟百貨公司四樓有一些服飾專櫃，扣掉一些個人品牌偏好，對消費者來說，櫃姐服務往往比品牌形象更能左右決策——我就是其中之一，因為櫃姐人不錯而成為常客。剛好，五樓有家熱門餐廳，平日去都要抽號碼牌排隊，假日更不用講，所以我跟我的櫃姐說，可以充分運用才差一樓的「地利之便」，幫客人抽餐廳的牌子，等於多一項很特別的服務，讓人更容易想到她，對業績一定有幫助。

會想到這個方法，是因為我自己愛吃又不想排隊，於是運用她做我的「內線」。試了效果很好，我真的省下很多時間，對她服務態度又更加滿意，只要想到百貨公司，她的臉就第一個跳出來，因此她要我買什麼，我也幾乎不囉嗦馬上買單。既然這個方法在我身上產生效果，套用到別人大概也不會差太遠，我就建議她擴大看看。

起初她半信半疑，畢竟服飾和餐廳關係有點遠，所以只測試和幾個熟客講，沒想到很快得到好評，因為就算不是熟客自己要吃，也有朋友想去啊！有一個「櫃姐朋友」在百貨裡面，可以節省大把時間，誰不想要？

一段時間以後，熟客因為人情關係買更多，有的帶朋友來，朋友又變熟客、再帶朋友來……不用大降價、不用送一堆，業績就這樣三級跳。這個服務對餐廳業績也有益無害，等於客人、櫃姐、餐廳三贏。

做業務和做服務時常相連，運用手邊的資源，撮合自己和客人的利益，讓人家第一個想到你，訂單就會接著滾滾而來。

娜娜的十倍勝超業思維

■成交高手要會掌握三件事：時間、自信、互利。

■和客戶聊天不是漫談，是找成交線索，同時提升關係熟度。

■「網路」能讓客人蒐集你的情報，預先加溫，不要只擔心比價。

■客人拒絕的另一面，其實是在給機會，只要進一步找到真正的問題、表現專業，自然會成交。

■做銷售不需要卑躬屈膝，業務員要有自命不凡的自我期許，我們賣東西給客人，是他的幸福！

■碰到客人殺價可以退一步，但不能一直退，有時「堅持」很重要。

■用心電圖效應掌握客戶情緒，隨著你講話高低起伏、在情緒高點時開心成交，這樣關係更好。

■做業務不要急著為客人著想，要先聽他說什麼才是好，而且要講對方聽得懂的話，才能引導出我們要的結果。

第四章

別人在乎達成率，我大方接受失敗率

1 讓我越挫越勇的「負負得正」法

如果票選演講時學員最常提問的問題，挫折、低潮這類不只數量最多，而且幾乎都是舉手前三名，是普遍存在於各產業的困擾。

我做業務二十多年，看過無數同業，業績表現和情緒管理——也就是大家常說的EQ，可說是高度相關，一個業績不好的業務，往往生活上、人際相處上也卡；反之，業績好的業務，好像到哪裡都左右逢源。

沒有人天生什麼都順，要用腦袋想合適的方法，然後認真執行。我在很菜的時候，每天被逼著要達標，那時候客人不夠多，常感到挫折，後來想出設定另一種目標，心情就好多了；心情一好，「氣」就會旺起來。

跑客人，「一天要失敗三個」

一般要跑客人的業務，不是常被規定一天要跑三個、五個嗎？如果用正常標準，跑三個人賣出一個人，達成率三三％，已經算非常非常幸運了。更多時候是賣不出半個，達成率長期在低檔，時間一拉長，士氣從低到更低，一天跑三個變兩個、變一個，然後乾脆找地方混，一個都不想跑，以免又被打擊。

我的另類方法很簡單，把它「反過來」，例如：一天要失敗三個。為了達成它，是不是至少要「生」三個客人出來跑？跑了以後，每失敗一個就等於往目標邁進一步，就算和平常一樣三個都失敗，我也是帶著「今天達成率一〇〇％」的心情自嘲而已。注意，是自嘲不是氣餒喔，因為結局早在意料之中，就沒什麼好挫折的。

假設連續五天，每天跑三個都掛零，正常算法天天吃「歸零膏」，另類算法天天達成率一〇〇％。接下來，跑三個偶爾賣一個，等於有兩個失敗，還要再找一個來失敗，才能做到一天失敗三個，無形中給自己越挫越勇的動力。這個方法的重點在「每天要跑多少客人」，激勵自己用數量練功，練著練著經驗多了，成交率自然會跟著提高。

事情就在那裡，怎麼想，決定心情往上還往下。

2 還好＋幸好，心情跟著好

有一天晚上，我參加公司的餐會，當天大概氣氛太嗨，喝到有點斷片，是同事們把我送回家的。到家以後他們就走了，我一個人在家門口撈包包找鑰匙，撈半天發現竟然沒帶。為了避免吵醒我媽，沒打家裡電話，改打LINE給兒子、女兒和外籍看護阿碧，可是凌晨兩點多，大家都睡著了，沒人接。

一般人如果沒帶鑰匙，這時候大多會氣自己為什麼一早出門沒檢查，或者為什麼不帶鑰匙還要喝成這樣，「千金難買早知道」有沒有？我不管碰到什麼事，都不會回頭去怨怎麼先前不這樣不那樣，那些都於事無補，而且何必再去責備自己或推給別人？解決眼前的問題比較重要吧。

醉茫茫繼續撈包包，撈著撈著撈到車鑰匙，忽然覺得「哇，真是太棒了」，還好帶了車鑰匙，幸好可以睡車上！

我的車就停家門口，於是先發 LINE 給家人和阿碧：「我在車上，誰先起床的，請把我叫起來。」接著打開車門到車上睡。清晨六點多，阿碧起床看到 LINE，馬上到門口來敲車窗，我就進家門啦。

「還好是掉五十分的鑽石」

我對事情的看法差不多都像這個經驗：「還好」有車鑰匙可以睡車上，「幸好」不用流浪街頭。它和設定反過來的目標一樣，**永遠要懂得轉念，當你習慣正面思考，做很多事情就會得到正面的結果。**

大家平常看到我都很開心，因為我是真的開心，而不是硬逼自己要有正能量。我只要看到「人」就覺得生活真美滿，怎麼這麼多人愛我，怎麼這麼多人跟我買車；當然不買也沒關係，就算沒買，客人對我的印象都是好的，大家還是朋友，常常會幫我轉介紹。

我在工作上頭腦很清楚，在生活上卻常迷迷糊糊、東掉西掉，甚至曾經掉過鑽戒。鑽石並不大，只有五十分，可能在做事或洗手過程掉了，掉哪裡完全想不起來。像前面說撈包包找鑰匙那樣，有找了一下，找不到就算了。

「還好是掉五十分的鑽石。」我想，幸好不是一克拉的。

忘了過多久，有天竟然發現它出現在家裡另一個盒子裡，大概是先前放錯了。幸好沒有自責，要不然氣就白生了。如果掉東西就要生氣，那麼以我平均一天要掉三次手機的頻率，可能早就氣到吐血。

有次出國演講，在桃園機場出關後發現手機不見了，趕緊跟海關說請讓我回去找一下。找了剛才去過的地方，包括廁所也沒有，只好算了，趕飛機要緊。沒想到重新排隊的時候，警察過來問我是不是掉了手機，一聊之下才知道，原來是清潔媽媽看到有支手機放在女廁洗手檯上，怕被別人拿走，先收起來。她猜我應該在附近，就交給警察，一路找到海關這邊。至於清潔媽媽會認得我，是因為我到哪裡都會跟人聊天，給她留下深刻印象，從沒想過東西掉了也很快被認出來。

「還好人多，重新排隊要排很久。」我想，幸好在排隊時警察就看到我。

如果那天人很少，一下子出海關，搞不好反而找不到。

解決掉的情緒就是小情緒

手機奇遇記還有更神奇的：二〇一九年六月十六日星期日，一早有場企業內訓，由於我做什麼都習慣提早，通常比預定時間早到很多，所以先去會場附近的星巴克買咖啡。奇妙的是，星巴克距離會場才幾百公尺，而且我是坐經紀人的車，到會場以後卻怎樣也找不到手機，弄得明明提早到應該很從容，竟變成經紀人、管顧公司、企業客戶全員找手機。

經紀人去車上找了好幾遍、打電話給星巴克，都沒有。眼見內訓就要開始，我請大家不用再找，專心上課，接著一開場就說：「應該是老天要我換一支新的吧。」每個人都笑了。演講很順利，互動很熱絡，學員說我講的很貼近他們實務上的需求。

其實，經紀人在我演講中就去過一趟星巴克，沒找到手機；課程結束後陪我再去，還是沒有。課前課後都用力找了，沒有也不用再強求，看來老天真的要我換支新的。

我用經紀人的手機打給做過手機店店長的同事，請他幫我看最新的機型是哪一款，結果電話講完沒多久，下午大直派出所就打給助理，助理再打到家裡來，問我是不是掉了手機。

是這樣子的，雖然松江路星巴克距離大直派出所才大概四公里，但要過大直橋，底下是很寬的基隆河，心理距離像是另一個區，一般如果撿到

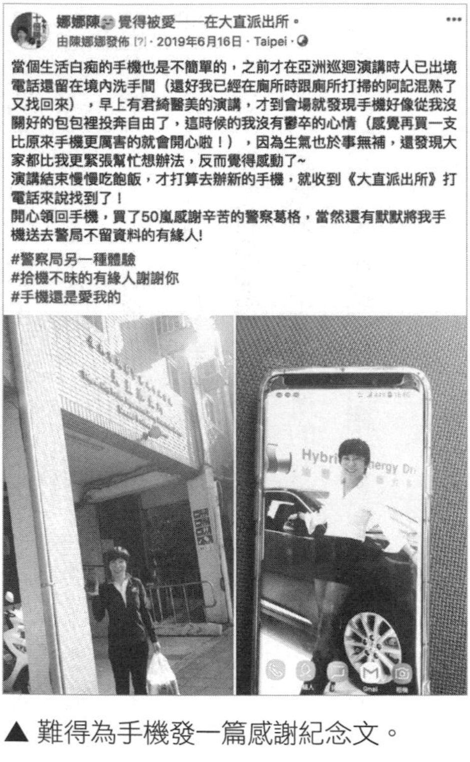
娜娜陳 覺得被愛——在大直派出所。
由陳娜娜發佈 [?]・2019年6月16日・Taipei・
當個生活白痴的手機也是不簡單的，之前才在亞洲巡迴演講時人已出境電話還留在境內洗手間（還好我已經在廁所時跟廁所打掃的阿記混熟了又找回來），早上有君綺醫美的演講，才到會場就發現手機好像從我沒關好的包包裡投奔自由了，這時候的我沒有鬱卒的心情（感覺再買一支比原來手機更厲害的就會開心啦！），因為生氣也於事無補，還發現大家都比我更緊張幫忙想辦法，反而覺得感動了~
演講結束慢慢吃飽飯，才打算去辦新的手機，就收到《大直派出所》打電話來說找到了！
開心領回手機，買了50嵐感謝辛苦的警察葛格，當然還有默默將我手機送去警局不留資料的有緣人!
#警察局另一種體驗
#拾機不昧的有緣人謝謝你
#手機還是愛我的

▲ 難得為手機發一篇感謝紀念文。

東西要送警局，不會往那個方向去。對臺北市再不熟的人，用Google Map查，也會選九百公尺外、走路幾分鐘就到的長春派出所。所以到底怎麼掉的、被誰撿走、為什麼送到這麼遠的地方，完全不清楚，只知道警察解開ＳＩＭ卡資料，從通訊錄看到「助理」才打給她，她再通知我。中間細節就不去研究了，手機回來比較重要，買了一大袋手搖飲料謝謝警察葛格，還在臉書貼了一篇。

還好是在臺北掉的，幸好遇到默默把它送去派出所的有緣人。

我也是人，也會感到挫折、緊張、不快樂，但情緒沒有最大或最小，解決掉就是小的。

3 人人都有低潮，超業懂得轉換焦點

正面思考需要練習，不是反覆念幾遍「還好＋幸好」，碰到事情就都可以自動無敵，還是會感到情緒低落，這很正常。

講到低潮這個話題，我不會說「你就想開一點」這種話，要想開早就想開了不是嗎？我想問：你有沒有感冒過？

感冒是不是一開始會有點輕微咳嗽、流鼻水，如果沒看醫生，才變成真正的感冒？情緒問題也一樣，有的人會忽視前面很輕微的不愉快，像是沒成交、和主管或同事不和、和家人吵架等等，累積到承受不了，就覺得挫折。

人一弱下來再碰到事情更容易感到被打擊，連續幾個挫折，就會變成低潮，一大段時期都表現不好，甚至因此換工作。

破解低潮，轉換焦點比靜靜沉澱更好用

破解低潮，要在感覺不對的時候就採取行動。以業務工作來說，假設連續兩個案子沒成交，就要讓自己「轉換焦點」，另外找個快樂的事情做，才不會一直陷在負面情緒裡。以我為例，我喜歡「人的氣息」，所以稍微有不愉快的時候會這樣：

一、**打給喜歡我的客人**：當對方接到電話用驚喜的語氣說：「娜娜啊～好久沒看到妳，怎麼想到要打來？」我的心情馬上好一半，回他「沒事啊，今天天氣好，忽然想到你」，隨意聊幾分鐘，轉換心情

要想辦法
保持正能量。
稍有不對，
就要轉換焦點！
迷思

又經營客戶關係。

二、**和同事切磋銷售技巧：**進入別人的案例狀態，讓協助別人成長的成就感，取代原本的不快。

不是每個人都和我像電影《倩女幽魂》的樹妖姥姥一樣喜歡「人味」，要**用你平常覺得快樂的事情來轉換**，好比運動、做菜、找朋友吃飯、看電影……我比較不建議一個人去海邊走走這種，它像沉澱而不是「快樂」，沉澱沉一沉萬一想不開直接跳海。總之，快樂的、動態的、和人群接觸的，會比較容易轉換情緒。

4 我這樣教育機車客人：踩話頭、轉移注意力

做業務哪有不被刁難的，被客人踩躪是家常便飯，反過來說，更要從實戰裡找到對應的方法。注意，是對應，不是反嗆也不是吞忍。有兩個案例，一個單純、一個複雜，先講單純的。

對付輕型機車客人：先簽再聊

一家做團購的網路公司請我去演講，最後的Q＆A時間，一位美眉同事問了很多業務員都會碰到的問題，情況是這樣的：

拜訪一家客戶，談得還可以，不過因為要求折扣太低，實在做不到，也就謝謝再聯絡，繼續開發別家就好。可是這家客戶很愛動不動來找，說有意願，

然後每次都卡在折扣上，等於鬼打牆，但畢竟是客戶，總不能不去，又不能罵，怎麼辦才好？

我秒回：「大哥，你先簽約，折扣到的時候，我再通知你。」

講完，全場爆出如雷掌聲，大家點頭如搗蒜，可想而知是很多人的痛。

不管客人是因為看到年輕妹子想說不聊白不聊，還是真的舉棋不定，碰到反覆商談都不下決定，老拿折扣或其他特定藉口來當擋箭牌，可以請他先簽約再慢慢聊。推了這一把，搞不好就簽了；假設沒簽，你也往前進一步，讓他知道目的在簽約，不是免費陪聊。

機車（愛挑剔）客人千百款，業務怕得罪對方，只能忍耐忍耐再忍耐，就像怕不成交所以一直被殺價、怕被拒絕所以一直不敢提出成交的要求。怕，會讓人退後，而你越退，人家越得寸進尺，忍耐或罵回去都不是好方法。聰明的業務會偷偷畫一條線，讓對方感受「尺度到這裡」，當客人知道界線在哪，才會正經對待你。

愛聊卻不簽算小綿羊等級，還有重機等級的，舉個學員實際碰到的案例。

名氣不見得是好客人保證

這是去一家上市的房仲公司演講，會後一位主管找我討論的案例，可以說是業務疑難雜症濃縮題，我先講整個過程，再談怎麼應對。

屋主是以前某電視臺當家女主播，以「一般約」委託仲介，意思是不但多家仲介都在銷售，屋主也可以自己賣；這和限定特定仲介、連屋主也不能自己賣的「專任約」不一樣，像撒出去大家都賣的概念。

名人的公信度加上地段不錯，應該很好賣，可是掛了蠻長一段時間都沒賣出，而這位房仲主管底下的業務員，很拚命也很幸運的幫她賣掉，簽約當下，主播連仲介費都沒殺，很爽快成交。

隔天一早，業務帶著完整文件過去給她的時候，被主播叫到車上，問權限到哪裡，然後要他簽一張聲明書，內容是屋主（賣方）不用付所有的履約保證費用。如果業務不簽這張，主播就不簽其他文件，讓流程沒辦法走下去。在車上這種密閉空間，對方又是名氣大、口條好的新聞主播，語氣咄咄逼人，業務一時傻掉，只回「要問主管」，主播就馬上拿起電話，要他打給上面「找能作主的人來」。

主管接到電話，當然是第一時間衝去，結果在同樣有壓迫感的情境下，被質問「你能不能作主」。這位主管看情況難以收拾，只好先下車在一旁打給老闆，表示為了成交這筆訂單，願意自己吸收屋主的履約保證費用。

報告老闆以後，主管回到車上告知主播，那筆費用由房仲吸收，願意簽下聲明書。事情到這裡應該要結束了，沒想到主播在主管下車以後，對還在車上的業務又罵一頓，細節就不多說了，總之這位房仲主管和他的業務成交一筆訂單，仲介費扣掉吸收的履保費依然有賺，但事後想起來就是很不舒服，覺得如果事情再重來一遍，可以做得更好。

對付重型機車客人：踩話頭、轉移注意力、氣魄

這個案子特別在名人，不特別在人性。回馬槍要拗更多、設計手段逼人、

要求見最高負責人……稍微有點經驗的業務，應該都不陌生。想想看，如果你是那位業務或者主管，會怎麼處理？

所有的業務問題都可以從「心理」和「技巧」兩塊下手，心理要放前面，技巧放後面，原因就像前面章節提過的，有了對的心理素質，技巧才更發揮得出效果，否則自己都虛虛的，講出來的話怎麼會有力量？

這個案子最前面有一個重點，不曉得你有沒有注意到，就是屋主用「一般約」掛了很久都沒賣出去，再對照她後面的言行，可以推想她的個性很機車，大家都不想幫她賣。

業務賣掉她的房子，雖然是為了業績，但換個角度看，有沒有想過是我們幫她多耶？為名人服務，第一時間會覺得好光榮，實際上誰幫誰還很難講，**要重視自己的價值**。抓到這個價值點，**才不會任人予取予求**，像被問到「你可以作主嗎」，是我的話就回「可以」，要不然一個問一個，等於傳聲筒，一方面增加主管的負擔，另一方面對方發現後面還有大咖，顯得你可有可無，你說什麼人家連聽都不聽。

以這個案例來說，業務要請示主管，主管又要打給老闆，換成你是客人，跟老闆對話就好啦，直接把業務和他主管晾到一邊去。業務如果要這樣層層請示，那老闆不如多請幾個工讀生，在外面擺幾張桌子，客人要問要買就統統幫他轉達給老闆，這樣還比較快。公司請我們，就是要能獨當一面，做老闆的分身，規模才會越做越大。

我知道「請示上面」是爭取時間的緩衝法，在很多企業內訓的演練都碰過，可是我比較不建議這麼做，原因剛才說了。那怎麼做比較好呢？我有兩個小技巧，分別是「踩話頭」和「轉移注意力」。

用「我問一下主管」來緩衝。
迷思
我就是能作主的人，緩衝要用特殊技巧處理！

踩話頭來自臺語（踏話頭），意思是給對方打預防針，反轉他不好的行為，做出我們想要他達到的結果。舉兩個例子：

一、假設和主管討論獎金話題，可以有意無意帶一句：「以老闆這麼大氣，相信公司一定不會虧待我們。」人家聽了高興，再小氣也會想辦法多幫你爭取一點。

二、在生活上，如果你對某人的人品有疑慮而又不得不往來，可以像這樣把話說圓一點，例如：「以你的人品，相信一定會……」或者「以你這麼（**將疑慮點反過來的稱讚詞**，像沒信用改為有信用、愛拖時間改為準時）的人，相信一定會……」，他發現自己的缺點被點到，但竟然換了稱讚的詞，再怎麼樣也會盡量做到。

回到主播案例的「踩話頭」對應，像是她拿出聲明書要業務簽的時候，可以說：「當初為什麼我們公司會願意跟妳簽約、這麼努力跑妳的案子，把價錢上可以省的統統省掉？因為妳是名人，名人不說暗話。我相信妳是很有sense的人，一定不會為難我。而且，我還想如果成交以後，出去宣傳我賣了主播的房子不是很棒嗎！」

前面用肯定語氣，稱讚她名人不說暗話、有sense，意思是如果再逼下去就沒sense了；後面也是正面，不過再笨的人也聽得懂，假設繼續苦苦相逼，現在網路這麼發達，一定會傳出去，讓「鄉民」主持公道。

再來，進到車子上，在局限空間、對手又是閱人無數的當家主播，覺得壓迫感很重是正常的。我在第三章有提過，業務商談有一大塊是心理戰，所以如果這時候情緒被人家帶著走，後面要拿回來就很難，像我在這類「絕境」時常會出特別的招式，例如忽然盯著女主播的臉說：「我一直以為林志玲最美，哇～原來近看妳更美！」近距離接觸名人，會被氣場壓制，那為什麼不反過來利用這個特點，稱讚原來近看更美、更有智慧？對方一被稱讚，注意力轉移，暫時會鬆下來，氣氛就發生微妙變化。

這招不是被學員問才想到。有時候商談卡住，我會忽然問客人：「你會比鹹蛋超人嗎？」隨即雙手擺出ＯＫ手勢、反過來扣在眼睛上，客人看到跟著做，搞不清楚方向怎麼弄，大家哈哈一笑，氣氛一變，後面就好談了。

出了「踩話頭」和「轉移注意力」這兩招，有可能還擋不住對方攻勢怎麼辦？很簡單，直接問：「要我免掉履約保證費，是真的沒辦法，上網Google也知道這是整個業界的規定。要不然就當算便宜給妳，我自己虧嘛，妳要我虧多少？一句話！」如果你心底已經打算要送她這筆錢，能拿回來多少是多少。退一百步來說，就算最後一塊錢都拿不回來，也**展示一下業務的氣魄，是你送的**，不是報主管又報老闆，最後被迫接受不平等條約，情緒上也好過一點。

氣魄不是要你賭氣，是清楚盤算可能要全額吸收以後，以「不要最大」的心態，好歹練個氣魄！這股氣勢要放在跟客人一對一的車上，不是下車到旁邊用電話跟老闆講「我願意自己吸收」。放掉的金額一樣，可是動機不同、表達的場景不同，客人對你的觀感也不同。

還有，我非常不能接受客人罵我們同仁，也碰過客人趁我不在的時候罵助理，助理反映以後，我馬上打電話過去說：「大哥，你當助理是你請的喔，我付她薪水的我都沒罵了，你又沒出錢，怎麼可以罵她！」

這種客人習慣業務卑躬屈膝，很少碰到我這麼直接的，通常會愣一下。我馬上接著說：「要不然這樣，你跟我買車，我讓她給你罵兩小時。」聽前段會以為我在嗆他，到後面就知道是半開玩笑，而我們也表達該站出來的立場。這又回到在第三章講過的「心電圖效應」，跟人講話要讓他有高低起伏，不能一直罵下去，這樣還得了，他一定客訴你。

套過來用在女主播罵業務，主管可以跟她講：「大姐，要罵他可以，可是妳去酒店『框』（行話，包下某段時間的意

思）不用錢的嗎？」她如果去過就知道這句什麼意思；如果沒去過，就說：「沒有沒關係，我下次帶妳去，超好玩！但是我跟妳講，牛郎店要不要錢？要喔，有付錢才可以隨妳罵，算時間的。」從拗履約保證費、施壓主管、罵同事忽然跳到牛郎店，對方瞬間雖然覺得無厘頭，但轉過來以後，一定懂你的意思。

奧客是最好的老師

碰到重機級奧客（臺語：漚客，壞客人的意思），大部分的業務會有很深的挫敗感，這是人性正常反應。但是倒過來

迷思
被客人罵要默默承受，算了。
用「心電圖效應」在半凶半玩笑之間，讓他知道我的立場！

想，這種人是最好的老師，如果能好好處理他，業務功力立刻三級跳，往後就能收服更多怪咖，一想到這裡我就超開心的，激發更多點子。

用酒店的例子開個玩笑，遇到奧客，訂單賠都在賠了，等於我們花錢「框」他練功，幹麼還怕？而且奧客人人都討厭，因為沒有別人愛他，他也沒人可以愛，你只要比別人對他好一點，他就只能愛你了。接下來，就換你對他予取予求，是不是很爽？

5 為產品找機會，公司政策怎麼變我都能賣

除了奧客、主管、同事之類「人」的因素，公司政策也常影響業務情緒，像是改變產品、獎金制度、管理辦法等「事」的因素。人的事情可以「喬」，公司決策喬不動，怎麼辦？

外人看我的銷售成績、展現出來的能量，包含菜鳥時代的幸運奇遇記，像第一本書講的工廠老闆，或者這本書講的AVALON小姐，兩個案例恰好都是連買兩輛車，以為我天天順利，實際上哪有這麼好的事。

我和各位職場工作者一樣，碰過太多人事物問題，只是我始終有個信念：公司不會把自己弄倒，從老闆到幕僚，做決策要考量的角度很多，可能不一定對業務員最有利，但一定是為了長遠發展。我相信公司、相信公司先有賺我們才跟著賺，因此政策怎麼說我就怎麼做，很多人說我像軍人一樣絕對服從。

緩衝期賣末代實惠，空窗期賣他款特點

二〇一六年，被譽為「神車」之一的WISH停產，公司正式發布消息之前，市場上就很多流言，覺得怎麼會停產空間大又好開的車款，特別是計程車司機，罵聲不斷。好賣的明星產品要停，後繼產品當時還不知道在哪，換成是你，會不會覺得一手好牌都亂了，打不好是應該的？

車子也好，保單也罷，產品說要停賣到真的停，中間一定有緩衝，這是最棒的銷售期。我會跟客人說：「你現在不買就虧大了」，因為末代車品質最穩定、配備最豐富、折扣又最多，當然最划算。當客人問零

▲WISH停產，業務和消費者兩邊都抱怨（圖片來源：民視新聞網YouTube頻道）。

件問題怎麼辦，我會回TOYOTA是世界級的企業，配合的正廠、副廠零件商全球都有，像一九九〇年代的CORONA EXSIOR到現在還滿街跑，歡迎隨時回來原廠保養換零件。

把即將停產的WISH賣一波以後，後繼的產品還沒出來，難道就沒東西賣了嗎？當然不是啊。注重省油的客人，推中型房車ALTIS；注重空間或排氣量的客人，我推CAMRY甚至休旅車RAV4，總之每個產品都有它的特點，就像保障型保單和儲蓄型保單、小套房和大三房、滋潤型保養品和清爽型保養品……**怎麼抓出特點再放大它，是業務員的專業**。在別人抱怨青黃不接的時候，我的業績沒受影響，每個月一樣名列前茅。

任何產品都有愛它的人，產品線變化照賣

二〇一六年底，後繼產品出現了，就是樂團「五月天」代言的SIENTA。這款車上市初期，因為臺灣的用車環境和日本不同，市場一下子還沒接受，我

們要花比較多力氣來解說。可是有沒有人愛它？絕對有啊，有的認為它可愛，有的欣賞大空間，有的覺得滑門設計很方便……抓到買的人喜歡這款產品的點，蒐集越多，就越能打動其他人。

另外，我有一個習慣：我不會自告奮勇第一個跟老闆掛保證沒問題，但全公司上下只要有一個人能做到，我絕對能做得更好。

二〇一七年第四季，公司舉辦SIENTA銷售競賽，賣最多的「SIENTA隊長」可以得到大金空調的空氣清淨機。活動才剛貼出來，我就對大家說：「那臺是我的！」不怕最大，記得嗎？要大聲宣告你的目標，別人才知道怎麼幫你。到活動結算那天，我真的就是第一名隊長，大方搬走空氣清淨機。

二〇一八年十一月中，我們總經理在冬季競賽誓師大會上和我打賭，如果我能在當月底賣十輛SIENTA，看我要什麼都答應。我開玩笑說：「請總經理穿丁字褲陪我打高爾夫球！」他一開始說好啊，結果十秒後馬上改口：「半個月十輛太少，要二十輛。」我的實力讓老闆多想了一下，因為他覺得這個量別人不一定做得到，我的話很可能會達標。拉高一倍的超級目標，我照樣比OK。

我們什麼車款都要賣，不是只顧 SIENTA 就好，這一口答應下來，每天都忙到快往生。到結算那天，賣出十六輛，哈哈～幸好總經理不用兌現支票。

沒做到和老總打賭的目標我有損失嗎？除了沒跟穿丁字褲的老總打到球，該拿的競賽榮譽拿了、該賺的獎金賺了，有名有利，一點損失也沒有，還變成最會賣 SIENTA 的業務。第三章半夜成交的阿 Sir 和專程從高雄來新莊買「人生第一輛車」的年輕朋友，都是那時候的案例。

這一段要講的不是賣某一款特定的車，而是**當產品線有變化，你可以選擇抱怨或等待，也可以選擇換個方式來推別的產品**。不管你選哪個，時間一分一秒在走，一個月、三個月、半年、一年以後，你打算留下什麼？

6 我二十年都維持正能量的祕密

碰到不順，誰都會不舒服或抱怨，我也不例外，不過最多講一講發洩一下，不會一直沉溺在裡面。

業務圈有段很好笑的順口溜，叫做：「顧客虐我千百遍，我待顧客如初戀」，要做到很難，所以許多公司常給員工上激勵課，教大家無論碰到什麼事都要激勵自己、正面思考、正能量……以我觀察，有時候不但效果有限，時間一長，甚至更累，原因是人沒有做自己，只是一直強迫自己要想得開。

找我去演講的企業，時常最好奇的是為什麼做了二十幾年都維持高業績，還這麼快樂、積極，一點也沒有勉強的感覺。在分享我的撇步之前，先講一個真實發生的故事。

把自己當導體，而不是加溫棒

有一天晚上我搭計程車回家，一上車，計程車司機問我想怎麼走。

「這個時間，走快速道路好了。」我說。

「從這裡上快速道路有好幾條走法，妳要怎麼走？」司機問。

「你開心就好啦。」我說，「開車的是你又不是我，你歡喜（臺語）比較重要。」我回他。

司機說像我這種客人很少，大部分會指定這樣那樣。同樣這條路線，最多人要他走堤防邊。

「堤防邊沿路不是很多紅綠燈嗎？」這一帶我很熟，知道路況。

「對啊，路線明明是客人指定的，可是紅綠燈多，他就心情不好，在後座一直念一直念。」他話鋒一轉，「我們走這條比較好走但比較遠，會多跳十塊喔。」因為這樣，所以他說不會主動建議客人走這條。

「ＯＫ啊。這一點錢買到你的開心，你開心才會把那個開心傳給我，我們兩個人都開心，多划算！不要說十塊，五十塊也沒問題。」說完，他心情大好，很高興的聊東聊西。

我看他開 TOYOTA，順口告訴他我也在賣車，他很驚訝：「真的嗎？」

「我跟你講，我很厲害喔，我是全臺灣最厲害的頂尖業務！」我說。

「我買車那個業務也很厲害，那個小姐很專業，對我態度又好。」他不甘示弱，表示他的業務才是高手。

「你在哪買？」遇到對手了，我想多了解一下勁敵是誰。

「新莊。」他說。

我的營業所就在新莊。再看他的登記

迷思
激勵、激勵、再激勵。
要做溫度的導體，而不是加溫棒！

證名字，咦？好熟啊。

「你不會是跟我買的吧？」我問。

他聽了以後，先從廣角鏡掃了一眼，到上快速道路前停紅燈的時候回過頭來看著我，吃驚的說：「妳……妳……是……娜娜！怎麼變這樣？我都快認不出來了。」

我以前胖胖的，後來下定決定減重，減澱粉、多運動，不到半年就瘦一大圈。我常說要不是每天上班都會出現，不曉得的人還以為我偷偷跑去抽脂整型。這位司機和我多年沒見，一時之間認不出來很正常，但是他說的話真讓人開心啊～

「好加在（臺語：好佳哉，好險的意思）我剛才對你不錯，證明我做人是真的。」我笑說。

「對啊對啊，我才在想說你們 ALTIS 要改款了，準備去找妳。」沒想到他搭腔搭到買車來了。

一直「給予」，很容易會覺得累。所以要換一個模式，變成給對方開心快樂，同時也從對方身上得到開心快樂，然後再將收到的開心、快樂、溫度……這些能量傳遞給下一個人。把自己當成導體而不是加溫棒，不僅不會損耗到自己，還會越做越有累積，快樂的擴大人脈圈，當然也擴大生意圈。

做自己又對人好，可以兼顧不衝突

情緒管理不只用在工作，生活上更是處處需要。這章的結尾，來說個我們家的小故事。

我請過一位外籍看護阿碧照顧我媽，她大部分做得不錯，但有一、兩件小事老是粗心大意，我媽就會跟我當時念國小四年級的女兒蓉蓉妹抱怨。有一天蓉蓉妹和我講起她阿嬤（也就是我媽媽）不滿意的事項，我雖也早看在眼裡，但因為趕著上班，出門前對蓉蓉妹說：「妳跟阿碧講一下，那是她的工作，要做好知道嗎？」她說好，會去跟阿碧說。

兩天以後，我想起這件事，問蓉蓉妹講了沒，她說沒有。再問是忘了還是不敢，結果她說家裡就這幾個人，不希望阿碧不爽，做事心不甘情不願，會影響到阿嬤；另一方面，她也不希望我去念阿碧，所以答應我要去講但沒做，因為她知道我只是發洩一下情緒而已。

由於事情很小，她也能做，甚至做得比阿碧細心，這樣我不會去盯阿碧，阿碧沒受影響，照顧阿嬤就不會帶著情緒，而阿嬤有被好好照顧，自然不會跟我抱怨。阿嬤、我、阿碧三個大人和平相處，家裡氣氛就很好。

從工作到生活，誰不是夾心餅乾、誰沒有氣？如果看到不順眼的事就開罵，連鎖反應下來，到處都是火藥味，哪還能把自己當成導體而不是加溫棒，應該會人人都變導火線吧。

所以話說出口之前，先察言觀色，再想一下要達到什麼結果，用結果往回推，該說什麼、做什麼才有利整個局面。蓉蓉妹只是多做一點點本來就能做的事，不用委屈自己，解決了令人不滿的事情，又不動聲色促進全家和諧，連我都上了一課。

娜娜的十倍勝超業思維

■跑客人失敗的挫折，要用「負負得正」法面對，設定「失敗幾個」也是另類的達成率一〇〇%。

■破解低潮，要在感覺不對時就採取行動，才不會一直陷在負面情緒裡。快樂的、動態的、和人群接觸的，比較容易轉換情緒。

■業務不是只能退讓，要讓客人知道界線在哪，才會正經對待你。

■當客人要求太超過，不要用「我問一下主管」來緩衝，你就是能作主的人，緩衝要用特殊技巧處理：踩話頭、轉移注意力、氣魄。

■奧客是最好的老師，如果能好好處理，往後就能收服更多怪咖。

■公司銷售政策改變時，記得緩衝期賣末代實惠，空窗期賣他款特點。

■要把自己當成導體而不是加溫棒，給對方開心快樂的同時，從對方身上得到開心快樂，再傳遞給下一個人。

第五章

客戶關係管理兩要件：處理人、整理事

1 客人有求不見得要應

客戶關係管理（Customer Relationship Management，簡稱CRM），讓業務又愛又恨的詞。愛的是口碑轉介紹，可以加倍擴大業務範圍；恨的是客訴，心情不好就算了，還要寫一堆報告甚至受罰，很麻煩。

一講到CRM，最常跳出來就是生日問候、提醒到期之類的「巡田水」（臺語，巡邏拜訪的意思），認為不時噓寒問暖、有求必應，客人印象就會好，既有利轉介紹，又能降低客訴。真的嗎？來看一個我們同事的真實故事。

好意幫客人牽車，結果變理所當然

很多年前有個同事，個性勤勞認真，起初業績普通，時間比較充裕，有客人要保養叫他來牽車，就準時到人家家裡去把車子開到保養廠，做完再通知客人來拿車。後來不只保養，連接送小孩也叫他，他為了維持「好服務」，同樣使命必達，像保母一樣。

沒多久，他的生意好起來，客人本來隨叫隨到，如今時間軋不過來，比如要他早上十點來牽車，他回說有商談，是不是可以下午兩點過去，結果得到什麼回應你知道嗎？

「你現在生意好了，就搖擺（臺語：囂俳，囂張、拿翹的意思）喔！」

不管客人講真的還開玩笑，換成是你，聽起來舒服嗎？一開始只有一個講，

客戶關係管理（CRM）要越常問候越好。
迷思
CRM細心比做得多更重要！

接下來兩個、五個、八個動不動這裡嫌那裡嫌，情緒受到打擊，業績連帶受到影響，數字一路下滑，之後竟然離職了！

融入客人的生活很好，可是服務變理所當然就不好了。比較聰明的對待是「一致」，**業務量少和業務量多的時候，對客人都是一致的。**

以這個例子來說，我服務的單位嚴禁業務主動幫客人牽車，除了前面說的原因之外，萬一路程中發生意外，要算誰的責任？碰上強烈要求業務幫忙牽車的客人，我們會先問他有沒有保全險，接著說明萬一發生事情的責任歸屬，對方一般聽到這邊就不再堅持了。

2 用話術影響對方潛意識，預防期待落差

我在公司不只業績好，CRM也名列前茅，例如二〇一四年獲頒總累計銷量最高、年度銷售量MVP、顧客滿意度最高三項第一。我沒有做很多，卻都做到「點」上，原因來自兩個祕訣：預先輸入客人的潛意識，以及系統化的資料管理。

汽車是高單價商品，每位業務員的「管區」不像別的產業這麼多。以每個月賣十輛的績優業務來算，做到第五年，相當於一個月要對五十個人「巡田水」；做到第十年，一百個；第二十年，兩百個。以我的成交數，平均一個月幾百到一千個，怎麼巡？換成像零售、美妝等產業，每個月要維繫超過一千筆名單的業務很多，怎麼處理？所以消費者常會在生日收到罐頭簡訊，問候其次，主要是推生日禮折扣，假設是餐廳、美髮，有機會就去消費一下，其他大

部分看看就過去，沒留下深刻印象。

我和我的團隊，一直都在

我對事情的看法，像情緒管理或這章講的客戶關係管理，多數人問的重點在發生了怎麼處理，我更在意怎麼預防。舉例來說，我不是天天對客戶發罐頭簡訊的那種人，也極少打電話去祝賀生日快樂，而是在交車時跟客人說：「我可能比較忙一點，沒辦法常常跟你噓寒問暖。你放心，我的服務不是只有我一個人，我和我的團隊一直都在，保養廠的師傅都是我的兄弟，有什麼事打個電話來，一定用最快速度處理你的事情。」

客人買了東西以後，要的是安心感，**與其我去「一對多」不停聯絡，不如讓客人們「多對一」來把我當成處理事情的窗口**，是不是更有效率？以我在產業裡的上下游關係，貸款公司、保險公司、保修廠、配件廠、拖車公司、計程車行、外面的協力廠……都熟，一通電話，很快可以找到合適的人對應。

這又牽涉到另一個觀念：協助。

業務員的主要任務是銷售，不要企圖一肩扛起所有責任，更不能油條的滿口承諾，要懂得找資源去協助客人。小從幫忙預約保養，大到發生使用或維修上的糾紛，要問：「有什麼是我可以幫忙協助處理的？」而不是說：「我幫你處理！」

用圖像來說明就像下圖。看出差別了嗎？「有什麼是我可以幫忙協助處理的？」是站在客人和糾紛對象（就算是同公司／集團其他單位也一樣）之間的中立問句，**讓他自己講出需要你協助的事項**；「我幫你處理！」是一般業務最常掛嘴上的，主動表達和客人同一陣線，乍看同仇敵愾，實際上每

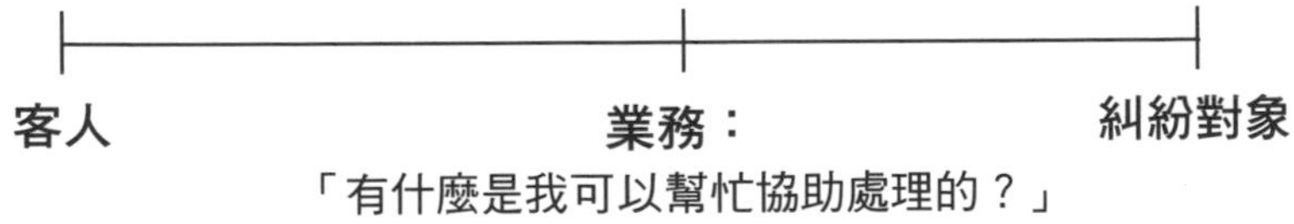

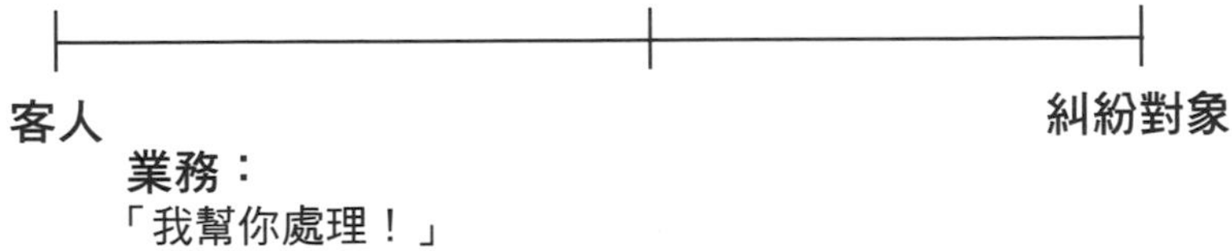

▲業務的「站位」很重要，會影響客人感覺。

個人對「處理好」的定義不同，假設客人認為應該全額免費或全額理賠，一旦達不到他要的，公親變事主（臺語，仲裁者成了當事人的意思），連業務也被客訴。

業務不是製造產品的人，也不能代表客服、理賠、放款、維修……單位，用「一直都在」和「協助」，表明友善態度，又預先輸入客人潛意識並非該負責的事主，無形中避免因為「期待落差」而造成的誤會。

潛意識輸入不只可以用在預防誤會，也可以用在塑造印象。我很少問候三節和生日快樂，不是從不問候喔，只是不撒罐頭簡訊，特別挑一些有印象的客人直接打電話。假設過年好了，我會這樣說：

「張大哥，我是娜娜，新年快樂！」

「喔~娜娜啊，新年快樂啊。」通常接到我電話的會很驚喜。

敘了舊、聊了該聊的以後，我會問對方：「今年有多少人這樣打電話跟你拜年？」

「沒幾個哩。」現在不是很少就是沒有。

「你有沒有覺得這些人比較不一樣？不像那種罐頭式的亂發。」我說。

「嗯，對喔。」對方想一想，通常會這樣回。

我請他注意這群人，沒有要他注意我，但我是不是在裡面？他是不是會連帶覺得我不一樣？

用「加倍肯定」，養成鐵粉中的鐵粉

剛才是我打出去，那麼接到別人打過來的電話，或者收到打上名字的問候訊息，怎麼說？

◎回覆打過來的電話。

「張大哥，新年快樂！」

和上面一樣，敘了舊、聊了該聊的以後，我會說：「我跟你講喔，今年過年有打電話的只有三個人，你是其中一個。你們這些優秀的（或老闆級的）就是不一樣！其他人都是那種罐頭訊息。」

◎回覆有打上名字的訊息。

張大哥，新年快樂！

我跟你講喔，今年過年訊息有記得打上娜娜的只有三個人，你是其中一個。你們這些優秀的（或老闆級的）就是不一樣！其他人都是那種罐頭訊息。

過年過節，現在大多數人用LINE、Messenger、微信之類的App發訊息，打電話的很少，發訊息會加上名字，例如「娜娜，新年快樂」的也很少。當你接到電話或者收到有打上名字的訊息，表示你在對方心裡夠分量，他已經肯定你一次了，這時候回覆「你們這些優秀的（或老闆級的）就是不一樣」，對他來說，等於是被肯定的人肯定，我稱之為「加倍肯定」，他會一輩子稱讚你優秀、親切、特別，成為鐵粉中的鐵粉。

3 資訊管理系統化，讓我一個月賣出一百零二輛車

「服務」是CRM的核心之一，也是業務碰到比價時，最愛搬出來的擋箭牌，以為用「我服務比較好」客人就會買單。有沒有想過它到底是什麼？講話很客氣、鞠躬彎腰、雙手奉茶、一年三節加生日都問候，就等於做好服務？

處理人：服務，從進門就開始

前面那些都很好，不過我的經驗是做得多不如做得「準」。以女生常去的髮廊為例，如果你是造型師或助理，冬天走進來的人只穿薄長袖甚至短袖，知道她是怕熱不怕冷的體質，就可以安排坐在冷氣出風口的位子；反過來，夏天還披著薄長袖的，體質怕冷，就要安排離出風口遠的位子。

我在企業內訓常問：「服務從什麼時候開始？」大部分的人回說「從成交的那一刻開始」，我說：「從客人進門就開始。」用髮廊的例子，不是做完頭髮才開始，而是人家一進門，不用講話就被引導到最舒服的位子，第一次來也像熟客似的，是不是從此就離不開了？

經營CRM也好，做服務也罷，不管名詞叫什麼，要讓客人賓至如歸，可以分成「處理人」和「處理事」兩塊。「處理人」就像前面說的察言觀色、話術對應等等，客人比較容易有感覺；「處理事」就是接下來要講的資料管理，靠著這些很細的功夫，才有辦法維繫越來越多的客人。

處理事：用工廠的邏輯，規畫行政流程

資料管理是很複雜的議題，每家公司有自己的規範，一定要照著做。在公司要求之外，我有自己整理的方法，概念和「處理人」和「處理事」一樣，一個對人、一個對事。

對人的部分，古早以前我們公司還沒用微軟Outlook，我自己就先用Outlook的名片檔做資料管理，除了**基本資料、購買時間和條件、聯絡紀錄和內容摘要……**還會記下這個人的**外型或個性特質**，作為日後聯絡參考。

到了手機時代，我依然保持這個習慣，商談後會記下客人的外型或個性特點，比如王先生戴黑框眼鏡、胖胖的，喜歡3C；李小姐個子嬌小，全身上下精品，喜歡跟別人不一樣的感覺……沒有固定格式，就記印象最鮮明的。我和兩位助理都用Android手機，通訊錄相通，要接待或商談，從裡面調資料，很快可以掌握客人特質，戰力從一個人變三個人。

對事的部分，**首先要弄清楚在管理什麼**。其次，**找到每一件事情的重點在哪**，比方說行車執照最重要的是車牌號碼，有車號就很好帶出其他資料；保險最重要的是交車日期，因為最怕過期，所以一定要日期優先，車號在這裡就變成輔助。同樣道理，要提醒客人什麼時候去驗車，由於是以年分為分界，也以交車日期優先。

這裡講的不只是數位資料，更包括紙本。紙本很重要的原因有兩點：

一、輸入資料可能會打錯，發生差異還是要拿紙本來對。紙本歸檔做得好，可以省掉很多臨時翻找找不到又急死人的麻煩。

二、我二十多年的經驗裡，碰過停電、系統故障等狀況，雖然很少見，但只要一次，業務就可能停擺大半天。要讓自己在電腦不能用、沒有網路的時候不受影響，繼續照常服務客人。一般講備份是指電腦資料，別忘了紙本是不用插電的珍貴原始資料。

我的家境很普通，小時候想買什麼全靠自己，學生時代在布廠、電子廠做過小工，對生產線流程很熟，它很重視銜接順不順、人員隨時補位方不方便等規畫，影響了我做資料整理的觀念。不管對人還對事、數位還紙本，要從工廠的邏輯去處理業務文書，有系統性、共通性，但是很多人都覺得工廠就是做工的，沒看到它的價值。

做資料整理的格局有系統性，最大的好處就是當業務量變大，不容易受影響。我在一個月只賣二十輛的時期就這樣做，到一個月賣五十輛、七十輛、一百輛都一樣。

二〇一三年，全年賣出七百零三輛創紀錄那年，我還沒請助理，一個人要銷售還要做文書，如果不是這套方法，大概三年都不用睡覺。

二〇一六年七月，我創下單月賣出一百零二輛的紀錄，兩位助理也按這套方法「接住」我在前線賣出的數量；反過來說，如果沒有系統化的方法，可能沒辦法支援這麼快的銷售速度。和軍隊一樣，後勤的能量和前線銷售的數量相輔相成，非常重要！

4 業績好了才請助理？請了助理你的業績會更好

有了方法，執行行政工作要像生活作息一樣穩定。二十多年來，我習慣比規定提前三、四十分鐘到公司，其他人還沒到，我就開始做文書工作。看起來很勤勞，其實是「充分利用零碎時間」，因為不到九點，跑客戶、打電話都太早；還有以前代辦領牌的小姐很忙，一大早就要資料，給久了就變成習慣。

不要小看文書工作，每天這樣反覆練，不到九點，對事情狀態非常清晰。比方說知道今天有誰要領牌了，我就先把文件準備好，按照該走的流程，一條條處理，就算一天要交好幾輛車，我當天又有商談，照樣很快。

背後的原因，來自於我有看車輛動態表（就是第一章講的在庫品項清單）的習慣，有現車，商談時就請客人先匯錢；沒現車，就提前兩天請客人準備車款，等車子一配到，馬上可以匯過來。也就是按照「資訊→產品→金流→行政」的流水線來做，案子再多，最多忙一點卻不會亂成一團。

不管賣車或賣什麼，這麼有紀律的業務沒有很多喔，以汽車產業來說，也有人今天確定車子配到了，第二天才去跟客人講說要匯錢，有成交很好沒錯，不過在時間運用上，效率有再改善的空間。

業務做事沒系統，滿地業績也和你沒關係

「時間」是業務非常重要的資產，我做事情快，一來是個性、手腳本來就快，二來懂得充分運用時間，才能讓自己忙歸忙，卻不用犧牲生活品質。我現在有兩個助理，儘管還是很忙，可是我的玩樂、休息時間沒有受影響。業務有好的生活，才能做長久，要不然很快就累了。

我雖然可以跑業務又能做細膩的行政工作，但畢竟不能每天像二〇一三年賣七百零三輛那時都一個人弄，所以請了助理來幫忙，讓我更專心在開發客

源、連結關係上面。這裡要說明一下，之前不是捨不得請人，是公司比較低調，不希望我個人單獨請助理，後來經過協調才同意。

我知道公司一般會有業務助理，不過是服務大家的，和個人助理還是不一樣。很多業務會猶豫要不要請個人助理，我的觀察，猶豫點在「捨不得」：會害怕沒有足夠的錢去付薪水，實際上害怕的是沒有這麼多工作給他做，請一個人擺在那裡，浪費的不是那個人，是自己的錢。

因此有的人業績跳起來但還不到很強、或擅長開發卻很不會弄文書，想請又不敢請，我都會跟他們說：**「人先請來，**

你就知道怎麼做了。」三個原因：

一、現在所有事情都在一個人身上，當然想不清楚。把人先請來，每個月要付薪水，會推動你打破框架，去想從哪裡增加收入。

二、以一天工作八小時來講，原本做文書可能去掉一半，現在可以火力全開，專心找更多客人、連結更多關係。

三、多一個人多一份力量，同步你的腦袋給助理，讓他多多少少賣一點，除了本來該給的底薪，有成交就再分一點獎金。助理不是只能被動的做基礎工作，也可以變成夥伴。我有一位助理本來沒什麼工作經驗，每天相處下來，被我同步腦袋和話術，也成交不少訂單。我在演講甚至出國，業務照常進行，時間效率高很多。

這又要講回我的**「經銷商」觀念：**

一、請的人多、要分出去的獎金也多，當規模越大，業務個人單筆拿的錢變少，但是訂單量變多，乘下來總收入還是高，同時擴充的「版圖」會變大。

二、要去想大企業為什麼可以變大企業。如果大公司都有制度，那麼小公司不能有制度嗎？小公司的制度就是從大公司去看，然後調整成自己的，而且更好掌控。用大公司的概念來做小公司，有它可取之處。

三、你要看的是如何讓員工「願意為你動起來」，獎金是一個誘因，還要教方法。像我會教助理，當客人來或打電話的時候，順便問有沒有要貸款，如果有，我們就一併介紹，幫公司也幫自己多賺一份收入。

很多人會把行政事務當「雜事」，是因為少了系統性，一下做這個，一下弄那個，事業沒有做很大卻搞得比老闆還忙。我常開玩笑說，這是在錯誤的道路上狂奔。你知道為什麼牛頓會發現萬有引力？因為他做事有系統、有條理，才有時間靜下來坐在樹下，被掉落的蘋果打到，要不然成天衝來衝去，蘋果掉滿地也跟他沒關係。

5 面對客訴：先處理心情，再處理事情

重視數據分析的時代，做什麼都有滿意度問卷，連在機場上個廁所，門口也有螢幕給你點滿意程度，更不用提一般銷售或者網路購物，統統有數據紀錄。而在汽車業，有個全球的滿意度調查叫做 J.D. Power，每家汽車公司都非常重視，像我們公司就有明確的獎懲制度，沒達到一定分數的要罰錢，滿分的就有獎金。

J.D. Power 是紙本問卷，寄到車主買車時填的地址，基本上資料正確性沒問題，但車主本人收到了有沒有寫、寫了有沒有寄回，要靠業務去確認。由於是全世界評比，影響的不只一家公司而是整個品牌，平常教育訓練絕對是叮嚀再叮嚀。

滿意度問卷是再銷售的機會點

有一次一個同事收回的問卷沒達到基本分，要被罰錢，他向公司提出申訴：「我賣的是先生，收到問卷是他太太。太太不知道情況，所以才沒達到分數。」如果你是主管，覺得有道理嗎？

由於我並非那位同事的主管，不方便當面直接講，然而以我的觀念，絕對照罰，還要加倍！

任何一筆訂單，從接觸客人的那一秒開始，就要了解他的生活圈，包含家庭成員。中間不管看車、談條件、簽約、匯款、交證件、辦保險和貸款……一直到交車、寄滿意度問卷，過程有多少見面、打電話的接觸機會？每次接觸都可以認識更多他身邊的人。

像這個案例，太太、小孩都要去認識，不光為了滿意度問卷，他們還有親朋好友啊，讓他們記住你，透過口碑推薦要買你家產品就找你，是不是最棒的廣告？如果是我，家裡有寵物的，我連小狗小貓都愛，和牠玩、餵牠吃東西，全家對我的印象都很好，問卷滿分是基本，當親朋好友要買車，你覺得他們會推薦誰？

我跟客人關係在一開始就建立得夠好，交車後打電話提醒有問卷寄過去，幾乎都給滿分，誰收到都一樣。這個功力不是天上掉下來的，是以前case很少的時候，白天跑業務，晚上跑客戶關係，用大量的實地拜訪來練功夫。

業務不是一整天坐在辦公桌前的工作，很多事情穿插來穿插去，很難八小時都專注。我們前任總經理、現任和泰產險副董事長劉源森先生說的「完全工作六小時」蠻實際，一天裡面，扣掉雜事、自己的事，至少要有六個小時用在工作上。有時候白天雜事多，晚上補回來，去跑以前的客戶或白天和我們一樣在忙的人，把該做的事情一件一件做起來。什麼叫上班、什麼叫假日，定義在我，而不是在日曆和時鐘上面。

回到獎懲制度上，不是怕被扣幾千還是為了賺幾千這麼小的格局，重點在「讓客人全家滿意」本來就是業務該做的事。做到本分，公司還給我們獎金，我們要覺得感恩。當個知足常樂的人你才會快樂；常感到快樂，做業務做什麼都會很順。

客訴有兩層，事理不過表面、心理才是關鍵

客訴處理是CRM裡的重要項目，也是最棘手的一環。有句老話說「先處理心情，再處理事情」，這個原則是對的，然後我還會加上「了解抱怨的癥結點在哪裡」，才能精準的處理對方的心情。

曾有個客人買了七十萬的國產車，一直反覆開回來說車子有聲音，我們請技師實際開上路、用專業的電腦設備測好多次都沒問題，但他堅持有聲音。你知道哪裡有聲音嗎？開個玩笑，我說頭殼有聲音。業務當然不要拿石頭撞石頭，在處理心情之前，先弄清楚他為什麼這樣想，一問之下才知道他原本開歐洲進口車，還是最高等級，這輛國產車是買給家人開的。

「董仔（臺語：董的，董事長的意思），請問你原來那輛買多少錢？」我

問他。

「三百多萬吧。」客人說。

「這兩輛價錢差這麼多，隔音一定不一樣。」他聽到我這樣說，點頭表示同意。我接著講：「這樣，我們拿一百萬換成一百塊鈔票，把四個門板卸下來，將鈔票塞到中間再裝回去，保證安靜！」

對方聽我這麼說，哈哈笑了一下，從此就沒再來抱怨有聲音了。

我沒有說他錯，也沒有指責不懂行情，怎麼拿七十萬來比三百萬，而是用很有畫面的描述，讓他明白成本差異。與其講艱澀的專業名詞，不如用「一百萬換成一百塊鈔票」來形容，一聽就懂。

同樣類型，有學員碰過客人買十萬的套裝旅遊行程，硬要和三十萬的比；有買三千元的手機，卻抱怨比兩萬元手機差太多……什麼行業都有「自認付出與期待不對等」的客人。

我的對應心法是：

一、公司不會把自己弄倒，產品發生重大瑕疵的機會超級超級低。

如果真的發生，通常會有正式的退換貨或是召回維修公告。一般的抱怨，可能是使用不習慣，也可能是買回去以後跟別人比了不愉快，心理因素多。

二、業務在第一時間不要給對方貼上「奧客」標籤。

你心裡想「你這個奧客」，客人一定有感覺，反過來也認為「你這個奧業務」，兩邊情緒都不好。他就是普通人，對產品使用上有一點不習慣而已。

三、讓他明白所買到東西已經有超出售價的水準，用開玩笑的語氣說：「你怎麼沒找我錢？」

例如：「這套十萬元的行程本來價值二十萬的，大哥，你還賺十萬耶，怎麼沒找我錢？」或者：「這支手機是公司補貼才優惠到三千的，本來要賣一萬二，大姐，妳還賺九千耶，怎麼沒找我錢？」又是心電圖效應，讓對方措手不及，沒想到有人這樣講，有點誇張、有點有趣，又還蠻有道理，他才會冷靜下來。接著我們再補上「開玩笑的啦」，讓氣氛輕鬆，又降低誤會。

四、處理關鍵在「轉換氣氛」。

客人不會不知道價格和價值的關係，所以不用硬去解釋。把客人的情緒照顧好，他對產品容忍度才會好，就算回去還是有一點點不滿意，但是因為你讓他很開心，他也不好意思再抱怨。

6 怎麼跟網路世代溝通？先花五分鐘對頻

網路改變了很多事情，包含業務生態。不只汽車，3C、保險……都一樣，以前的業務，生意可以從父母輩做到子女；現在兒女、孫子懂網路，凡事先上網比價錢、比菜單，教育方式又比較尊重小孩，所以時常付錢的人是父母，左右決定的是小孩。一旦業務在條件上比輸網路，話題又跟「網路世代」對不上，業績就會受影響。

這個題目要分兩塊來講，第一塊是對頻，第二塊是人情。

對頻，靠「五分鐘理論」

業務本來就要涉獵廣泛，不是紅酒、股票、高爾夫而已，韓劇韓星、網路議題也要。很多人不知要去哪裡上課，或者最愛問我都讀什麼書，我說我都「讀人」，很少讀書。我們常聽說「人都好為人師」，**周圍的客人、朋友就是最好的老師，有什麼不懂的，直接問**。比如我去做塑膠射出的工廠拜訪，就問一點學一點；碰到做音響的客人，就學什麼叫真空管、什麼叫單體；碰到教烘咖啡豆的老師，跟他學什麼叫一爆、二爆。

學這些不是要拿博士，每個話題學個十分鐘左右，拿來和客人聊天能用上五分鐘就夠；萬一多聊一點，還有五分鐘「備用」。平常多接觸不同的人，這裡學五分鐘、那裡學五分鐘，累積起來很可觀。

客人種類百百款，每個人會的、喜歡的只有他知道。我的「五分鐘理論」重點在多樣性，懂越多話題，越容易和不同類型的人搭上線，而且聊起來也比較有趣，容易測出對方對什麼感興趣。

5分鐘×10個話題 ＝50分鐘
5分鐘×50個話題 ＝250分鐘
5分鐘×100個話題 ＝500分鐘
↓ 話題逐漸累積

像有父母帶讀大學的小孩來看車，我看到年輕人的鞋子，問他：「你這個是 Nike 哪一代的紀念鞋？」本來心不在焉的「少年仔」眼睛一亮，覺得我很識貨，接著一直講這是哪一代，和前代的差別在哪裡等等，我又多學了一點。

那麼我為什麼會知道這個話題？因為去買運動鞋的時候，和賣鞋的小鮮肉和美眉聊天啊。有了這個基礎，有時候看到有人穿特別的鞋子，稱讚一下，聊幾句，印象就越來越深。

對頻要打破世代差異，沒有捷徑，平常要多留意年輕人在接觸什麼，問問他們欣賞的點在哪裡。消極一點，你可以把這當成工作必須做的功課，就像要記產品規格一樣；積極一點，能帶來新刺激，讓自己心態更年輕有活力。

動之以情，讓行情變感情

對頻之後，接著有網路資訊的問題。我的經驗是：對於規格的精確度，網路資料比人腦記得清楚，這個不用爭辯。年輕人整天掛在網路上抓資料、問人、做比對，一定比業務更熟，**業務不用什麼都要比客人懂，當我的專業沒有比他厲害的時候，我就稱讚他的厲害。**

價錢方面就不一定，有的條件很殺是為了「釣」人去和他接觸，到時候再用別的方式賺回來。任何一行都一樣，殺頭生意有人做，賠錢生意沒人做，再加上公司能補貼的資源有它的極限，我們知道就好，不需要拿條件去硬拚。

那怎麼談？我會動之以情。條件方面，一定在行情內；另一方面，不管是車子還其他商品，既然和爸爸媽媽一起出來看，又是他們出錢，你覺得他們的感受重不重要？東西買回去是開心的，如果可以讓他們有參與感，家裡氣氛是不是會更好？

會和爸媽出來看的年輕人，再怎麼有意見、再怎麼看在錢的份上，還是尊重父母的，可以對他說現在自我中心的年輕人越來越多，稱讚像他這樣孝順、會陪爸媽的已經是稀有動物，讓「行情變感情」。

好問題：聯絡過的永遠不能斷嗎？

演講的時候，有學員問了接下來這個問題，我覺得有戳到很多業務的點。

他問，年節時不是說要打電話給客人嗎？最好用「我今年只打十個」這類「限量」概念，讓對方知道他在我心目中很重要。那麼，萬一明年或後年沒打給對方怎麼辦？意思是後面沒有年年問候，被發現是不是就沒誠意了？

我的回答很簡單：不要把事情想得太複雜。現代人每天的電話量、訊息量這麼大，光LINE、微信這些群組發來的東西看都看不完，過了一、兩年，誰還會記得誰講過什麼話？好，如果真的有客人記得，哪天跟你提起怎麼沒打來，表示你在他心裡非常重要，這時候大大感謝他，找機會送個特別的小禮物，再把他的電話打在手機行事曆上，按照提醒記得每年問候就好。

人是感性的動物，用感性和感性對話，效果會比用理性去解釋說明好很多。試試看。

娜娜的十倍勝超業思維

■客戶關係管理（CRM）不是越常問候越好，細心比做得多更重要，聰明對待客人的方法是「一致」。

■服務不是從成交的那一刻開始，而是從客人進門就開始。懂得察言觀色、話術對應，客人比較容易有感覺。

■管理資料要用工廠的邏輯系統化，才有辦法維繫越來越多的客人。

■不確定自己要不要請助理，怕浪費錢？把人先請來、每個月付薪水，會推動你去找更多業績。

■處理客訴不用講太多道理，關鍵在「轉換氣氛」，先把客人的情緒照顧好，他對產品容忍度才會好，就算還是有一點點不滿意，也不好意思再抱怨。

■對頻要靠「五分鐘理論」，平常多接觸不同的人，有不懂的話題直接問，這裡學五分鐘、那裡學五分鐘，累積起來很可觀。

第六章

從頂尖業務到業務協理，我這樣帶超業團隊

1 訓練部屬懂一個狀況，而不是一個事件

我的業績創下一些亞洲級甚至世界級紀錄，很多人好奇我的「協理」職位底下帶多少人，怎麼上面又有副所長、所長。

實際上，我因為不喜歡開會，並沒有帶組織，而是將我的營業所、經銷商國都汽車、總代理和泰汽車連整個和泰集團的同仁當作兄弟姐妹，任何人有想交流的，我都很樂意分享。有時候，正因為和任何單位都沒有利益衝突，不管對年輕夥伴或者高層長官都一樣，反而更能直說。

另一方面，凡是績優業務調來我這課擔任副所長的，我一定盡力協助，很快就升官做所長，所以有人會開玩笑說我這課是「所長養成課」。要勝任管理職，業績只占一塊，往下要帶兵、往上要懂長官在想什麼，是很勞心的工作。

同步你的腦袋，教他自己舉一反三

我們的社會很強調努力，對於動腦講得比較少，只有主管在罵人的時候才會說「你不會自己想啊」。大部分主管因為忙，常對部屬講：「我說什麼，你就照著做什麼，做久就懂了。」問題是，久是多久？會不會有人一直照那樣做下去，永遠不懂？先來看一個例子：

我的業務有一塊是賣營業車，也就是計程車，它領牌要跑的流程比自用車複雜，牽涉到我這邊、計程車司機（也就是向我買車的客人）、監理所、計程車行、公家機關像交通局和社會局等等。事情發生在我先前的助理阿新，我平常請他跑監理所和車行，交通局請司機自己去，然後某天有個牌要跑社會局，他就卡住了，不知道該誰去。

我問。

「我們去監理所幫客人驗車，又代領牌，換成是你，覺得服務好不好？」

「當然好啊。」阿新回答。

「跑車行蓋章也一樣，有人幫你省時間好不好？」我又問。

「好啊。」他回。

「那為什麼我說交通局讓司機自己去跑就好，你覺得呢？」

「因為很遠啊，要花時間。」他想了一下，說出他的感受。

「對，很遠，又花時間。」我說：「還有交通局都是認真的公務人員，旁邊閒雜人等很少，去了辦完就走，是不是很單純？」

「嗯，蠻單純的。」他點點頭。

去過監理所和計程車行就知道，熱鬧歸熱鬧，可是當你有一堆章要蓋，跑一天下來會很累。

「如果把交通局換成社會局，你覺得誰跑？」我回到卡住的點再問一次。

「司機去。」他立刻就明白了。

「你要讓客人在安全的狀況下自己去跑一趟公家機關，這樣他就知道要花時間，很辛苦的。我們幫他分擔了這麼多，他只要做一件，你覺得客人會不會感謝你？」我問。

「會。」

「平常交通局讓客人去，那下一次社會局你覺得誰要去？」我再問一輪。

「當然是司機啊。」他再確認一次。

「為什麼？」我問。

前面已經說明過兩輪，第三次我再問，他就會講了，哪裡對自己好、哪裡對客人好，統統一清二楚。教人不能只用講的，要請對方當小老師講一遍，等於把事情的原理再輸入腦袋一次，往後就不會混淆還記得牢牢的。

這個方法看起來很花時間，明明直接

主管要教部屬怎麼做。
迷思
主管要教部屬
怎麼想！

給答案「司機去」三個字就可以解決，為什麼我要問三遍還引導他講一遍？原因在同步我的腦袋，讓他學會怎麼想；**學會怎麼想，就懂舉一反三，以後碰到這類事情，他就可以自己判斷，不用每件都來問。**

換句話說，我投資多一點的時間，一次整理前因後果，來換日後的輕鬆。可是很多主管不是喔，把自己當成Google，部屬每次來問就給答案，弄得自己很忙很累，卻老嫌別人怎麼這個也不會、那個也不會。

主管一個人要對好幾個到幾十個、幾百個部屬，我很注重要教人「懂一個狀況，而不是一個事件」，大家才能一起成長。這類故事很多，舉一個初級的、一個進階的。

初級題：對客人，重點在產生自己人的印象

有一次在某公司分享我的業務經驗，提到第一本書裡陳大哥買客貨兩用車的例子，就是有的客人很難攻下來，反覆拜訪到不知要聊什麼，乾脆幫人家掃

起地來，掃到他們工廠裡裡外外都認識我，最後取得信任，終於成交。

我開玩笑說，業務跑不熟悉的公司行號，要一大早去，給對方留下認真的好印象。去幾次以後，到掃地時間最好有人拖把來不及扭啊、掃帚忽然掉啦，你的機會就來了，趕快衝上去幫他忙，說是「自己人嘛」。以後，當你幫他們擦桌子，人家沒覺得哪裡怪，就真的是自己人了；如果對方還感到不好意思，直說「不用不用」，把你的抹布拿過來，你就知道還不夠熟，要加油。

幾位主管聽了，竟然討論起是不是要訂一個禮拜跑幾家公司掃地的ＫＰＩ（關鍵績效指標），我感覺他們理解到「事件」了，不動聲色的補上說明：一大早去，是因為所有人都在，掃地只是可能性之一，重點在讓大家對你產生自己人的印象，像帶個點心、提個東西、搬個椅子、幫忙開個車……都很好，這才是「懂一個狀況」。

否則，今天這個來問可以買咖啡嗎，明天那個來問可以擦窗戶嗎，主管一個個回，一天七十二小時都不夠用。

進階題：給資源，要差異化又一視同仁

「懂一個狀況，而不是一個事件」可以用在對客人，用在管理也通。看到「差異化又一視同仁」，不要懷疑，沒有打錯字，我先講方法再講為什麼。

不管哪一階的主管，手邊資源總是有限，所以怎麼配置是個學問。

假設現在你手上有兩萬元，底下十個業務，最近在做活動衝業績，這筆預算怎麼用？我在演講空檔，和不同產業的主管聊起來，得到的回應大多是平均分配最公平。再問下去，有的人兩萬元除以十，一個人給兩千；有的人拿一萬元除以十，一個人給一千，另外一萬拆成五千、三千、兩千之類的比例給競賽前三名。

每個都對，而我會這樣做：

有業務來找我看能不能支援一下，我會找時間私下跟他說：「這一輛我覺得你可能沒賺到錢，補你兩千，但是**只有你有，別人沒有**。」沒有來找的，看報上來的訂單也知道有沒有賺，同樣找時間私底下一對一，再講一遍，讓他曉

得只有他有。

職場上，競賽贏了給紅包錦上添花的多，出於「這一輛我覺得你可能沒賺到錢」雪中送炭的少。好，這只是第一段。

第二段，十個組員交情會一樣嗎？大部分的情形是業績接近的會有小圈圈，比如自認常被歧視的「後段班」會聊說老闆有補我兩千，「那你有嗎？」結果都有，再來會形成「喔～那所以他對我們不一樣囉」的印象。同樣，「前段班」也會聊，他們的觀感會是「老闆對我們這一群優秀的真的比較好」，無形中加強向心力。

最後的結果，一個人也發了兩千，但這個兩千的效益，和大庭廣眾發紅包是不一樣的。大庭廣眾發，感覺理所當然，而且沒有人會覺得你公平，一定八卦你有暗盤；私下一對一，有差異化感覺，還讓他們自己去運作，就像骨牌一樣，你只要決定往哪個方向倒，接著推倒第一張，後面就會一整排倒過去。

2 「把團隊帶到最強」，這樣想就錯了

做主管的，無論職位大小，本身都是有相當能力才會被升起來，因此拿自己的標準去要求部屬，也是很正常的事。我們最常聽到「恨鐵不成鋼」，可是每個人本質不同，金銀銅鐵錫都有，搞不好還有鑽石瑪瑙翡翠珍珠，用同一套煉鐵成鋼的方法，不一定適用每個人。

擔任主管、面對帶人這件事，如果你的心態是：「我一定要去戰勝這個困難」、「我要把我的團隊帶到最強」，那就錯了。團隊是「家」，不是軍隊。如果把家當成軍隊，有戰爭就不會和諧，天天衝突不斷，怎麼讓大家跟著你賣命呢？

所以要把心態設定改過來，換成：「**我要跟我們家的人，一起創造不一樣的結果**」。這不是什麼心靈課程，團隊氣氛是跟著主管走的，主管的心態會影

響作風，作風影響相處，相處又絕對和業績成效有關。

認真不一定成功，要知道發生什麼轉變

就像前面說的，能當主管的哪個不優秀、哪個不認真？所以很多主管愛一直碎碎念，嫌部屬怎麼不像他當年一樣努力，這個「代溝」，到現在帶領九〇後、〇〇後（按：一九九〇年代、二〇〇〇年代出生的人）的年輕人更嚴重。

其實，人就是人，我在菜鳥時期也不愛聽那些陳年往事，只是以前的人比較乖順，忍耐過去就算了，但是你問我相不相信「努力一定會成功」這類經驗談，答案是：不相信。

努力是基本，卻不等於一定成功。意思就像如果有人說每天工作十八小時，連續執行三年就會成為超級業務員，你相信嗎？做主管的人，**有沒有想過自己從一般般的時候到現在這麼厲害，你到底發生了什麼轉變？你發生的這一塊才是重點！**

舉例來說，有的業務對判斷客人還不熟，主管只會吐槽他：「這個人一來我就知道他這型怎樣怎樣，你怎麼都不懂！」炫耀完自己多厲害，部屬還是不懂啊。他應該要講是看哪個地方，好比：「我本來也不太會看人，直到有次看到一個客人的車子裡面非常整齊，下了車還仔細對有沒有直直停在格子正中央，商談以後，發現他很龜毛（臺語，過度認真），就記起來了。另一次碰到車裡面跟垃圾場一樣、車又停得歪歪的，比對前一次經驗，猜想這位個性隨意，一談果然是這樣沒錯。」

有方法的努力，才有意義。別忘了，衡量業務價值的是業績，不是打卡時數。

迷思
主管要教部屬「認真就會成功」。
主管要教部屬「你到底發生了什麼轉變」！

這又要講到我另一個觀念：多分享成功經驗。

常分享成交的甜蜜點，刺激多巴胺

學生時代，一張考卷發下來，八十分，你要用「為什麼沒有一百分」來檢討，還是「我怎麼拿到八十分」來看待？

在亞洲人的世界，時常用滿分為標準，「少一分打一下」可能是很多人共同的記憶。歐美的教育方法，別說八十分，三十分也稱讚「哇～你好棒，怎麼做到的」，小孩就很熱情的對全班分享他怎麼做。我們先不說哪一科、其他人考得怎麼樣，而是面對已經發生的成果，用滿分往下扣的方式好，還是往上累加的方式好？

業務商談沒有一〇〇％成交的，以汽車業來說，能做到五〇％已經非常非常厲害。談十個客人，五個成功、五個沒成；一般成交率可能三、四成，也就是沒成交多過成交的。電話行銷單位更恐怖，打出去上百通電話，有接的、講到話的到最後能成交的才幾個百分比，怎麼辦？

業務會議上，常看到主管對有成交的大家拍拍手鼓勵鼓勵，有時間分享就說一下，沒時間跳過也無所謂。倒是檢討「為什麼沒成交」超用力的，演變到後面，批判兼罵人，像前面說的考試少一分打一下。可是，這麼做了以後，每個都一百分了嗎？還是有哪位本來五十八分的，因此跳到九十八分？

沒成交已經夠不開心了，為什麼一直把它拿出來反覆加深印象？同樣時間，我會用來談有成交的，請同事自己分析過程裡看到什麼、聽到什麼，有哪些點卡住然

要用力檢討
為什麼沒成交。
迷思
要記住成交的甜蜜點！

後發生轉折或突破的，這些細節才是令人進步的關鍵。不要以為這很簡單，很多人怎麼成交的，自己也搞不清楚，以為運氣好、客人好，不懂得**抓其中某些做對的事情來放大，就會變成基本招數**的道理；有了基本招數，再來要變招就快了，排列組合一下，業績穩定度自然會上來。

人在積極的狀態，大腦會分泌「多巴胺」這種化學物質，讓人感到情緒高昂。醫學上，多巴胺傳遞開心、興奮的功能，還被用來治療憂鬱症。所以，要團隊氣氛好、業績好，與其嘴巴講「大家開心一點、積極一點」，不如用行動帶領，多講成交的細節。

這就像全壘打高手都很會抓球棒上的「甜蜜點」（按：球棒最適合用來擊中球的位置），不用出多大力氣，打到對的點上，球就會飛得很遠很遠；做業務也一樣，把心力放在「記住成交的甜蜜點」，表現就會越來越好。

3 部屬一定有強弱，用法大不同

我高中念北一女，曾參加過田徑隊和合唱團，這些經驗影響我很深，好比當主管帶團隊，就像帶一群人跑大隊接力。講到這裡，先問個問題：大隊接力要跑第一名，哪個因素最重要？

我在很多場合問過不同產業主管，有的說「跑得快」，馬上有人接著說第一棒和最後一棒最重要；也有人說「向心力」或者「默契」等等。我很愛看這種團體運動，到現在還是很常去看國小運動會，對所有人專注做好一件事的熱情，很容易感動到哭。根據我的觀察，第一名團隊的關鍵在「不掉棒」，你想一下對不對？

每隊的第一棒和最後一棒都很強，單比個人速度，差異可能半秒而已，決定大局的是中間那群人，過程裡只要接棒順，成績通常會名列前茅。要怎麼做到不掉棒？「練習」當然是最基本的，再來是讓每個人都安心：跑得普通的，你穩穩跑，有跑得快的「罩」你；跑得快的，中間的人會穩穩傳接棒，讓你沒有後顧之憂。

不是人人都強棒，要分類帶領強弱棒

團隊裡面，通常分三種人：厲害的，相當於第一棒和最後一棒等級，人數差不多占一五％；跑很慢的，也一五％；中等的大概七〇％（如下圖）。這個比例來自常態分布，和學校的智力測驗、社會上的收入狀況，都是同一個道理。這也是主管要認清而且接受的第一個事實：不會每個人都一樣，所以要用不同方

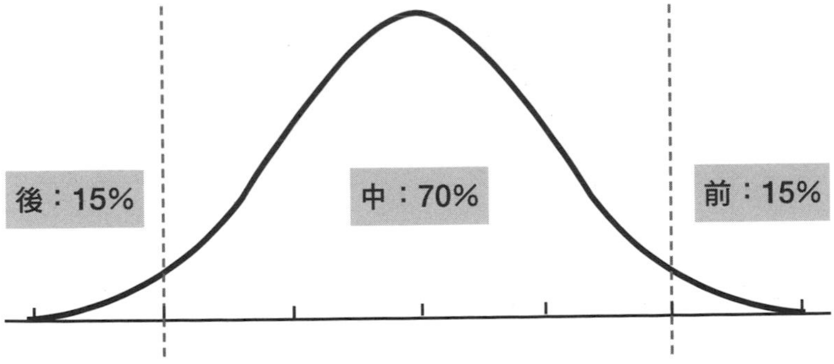

▲ 團隊裡頭不同表現的常態分布比例。

法對應這三種人。

對待**前段班的一五%**，像我這種的，要給予「空間」。這種人本來就會自我要求，業績才做得好，要留意的只有兩件事：被挖角，還有藏私。因為他在職場上有優勢，走不走在他腳上，給空間的另一面是「尊重」，讓他覺得受到尊重、有發揮空間，就會持續在團隊裡起到領隊的作用。

中間的七〇%，是和前段班聯手支撐業績的支柱，要給「技術」，讓他們成長。這裡面有一小部分進步特別快的，會進到右邊的前段班，其他留在這區的，就算進步一點點，由於人數多，加起來也是一股力量。

後段班的一五%，我們要給他「陪伴」，

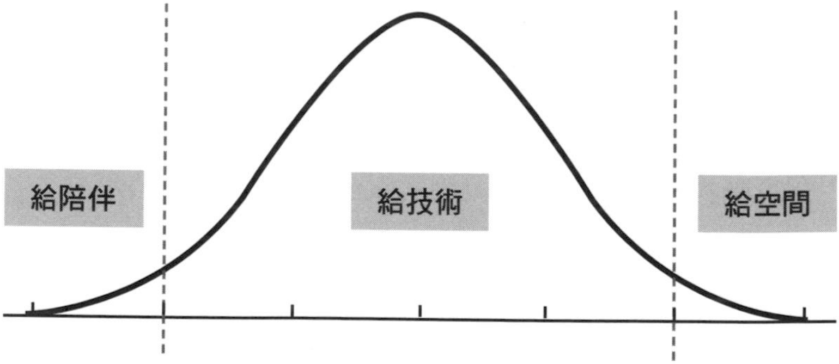

▲ 團隊裡不會每個人都一樣，要用不同方法來對應。

讓他安心慢慢跑，不掉棒就可以。這類人可能剛進來還沒開竅，也可能真的沒業務天分，不過臺語說「懶懶馬也有一步踢」，意思是再不起眼的人事物，都有令人意想不到的奇蹟時刻。就像我剛進公司，成績還沒起來，可是憑著天真無敵，能連續賣兩輛車給第三章講的「AVALON小姐」，就是最好的例子。

知道了分布比例和要給他什麼，最後，是對業績的期待。前段班自己會鞭策自己，對他的期待是穩定和傳承，其中「傳承」特別重要——很多優秀業務只顧自己，而且多少有點優越感，對「大家的事」比較沒興趣，這在組織裡面是一種資源浪費，要鼓勵他多分享。我的老闆曾經稱讚我「王牌而不大牌」，不只

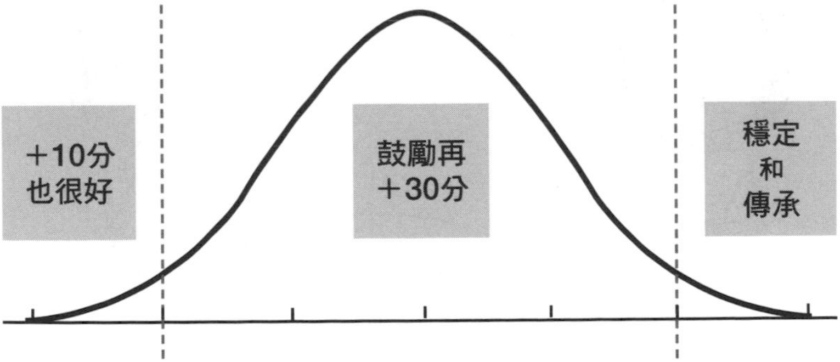

▲ 不同階段對於業績的期待。

二十多年來從不遲到，連對大家的生活作息、做人規矩、激勵士氣到業務技巧傳授……每一樣都很投入，真的把公司當成家，把夥伴當成家人，因為我知道公司好，我會更好。

績優業務不喜歡分享的另一面，是害怕，**怕技術被人家學走**，影響業績。**我從來不怕，因為所有人學到的都是一分鐘前的我**。俗話說「教學相長」，我和同事交流的過程裡，一邊刺激我想新招給他用用看，一邊也學到很多東西，像是年輕一輩的在紅什麼、他們的價值觀、怎麼看待新聞上的社會事件等等，這個對我們與時俱進有很大的幫助。

要把每個人都練成強棒。
迷思
要認清事實，分類帶領強弱棒！

對中間那群，給了技術，要鼓勵他衝衝衝，賺到的獎金、得到的榮譽都是自己的。對後段班，與其硬要他變得多厲害，不如有進步就拍拍手，這樣對主管的情緒也好。

換個角度說，主管帶團隊像孟嘗君養食客三千，底下有不同的人，更能面對不同的客人、不同的狀況，好比有的做業績不行，可是弄網路不錯，就給他做點小編的事情，在網路上經營客群。

4 現在年輕人很難帶？因為他不知道人生要做什麼

專對管理職的企業內訓，主管們最常講到的問題是：「現在的年輕人很難帶，怎麼辦？」這個就像網路比價一樣，沒有網路，客人照樣可以比價，一家一家打電話或一家一家跑，慢一點而已；有點年紀的人看年輕人，覺得叛逆、難帶，以前就這樣了不是嗎？只是那個時代沒手機，他不耐煩還是要聽你碎碎念，要不然就發呆，現在只要沒興趣，滑手機比聽主管講話有趣啊，是不是？

目前中壯年的主管，在以製造業為主的時代長大，價值觀強調努力就有收穫；現在以網路業、服務業為主了，努力是基本，更重要是頭腦。不只聰不聰明，還包括對事情有沒有獨到的想法、有沒有新的商業模式等等。如果主管對工作的想法，只有努力達成上面交付的目標，對部屬也像對機器一樣，流動率當然高。

團隊就是一個家，「愛」最重要，彼此是戰友也是家人。主管要了解部屬的個性和生活，教他開心的和客人相處，眼前所做的不只是為公司，更是為自己。

根據我的觀察，年輕工作者不認真，很少懶惰的，大多是因為不知道人生要做什麼，找不到意義在哪裡，反正也是為人作嫁，隨便做做就好。做主管的人要融入「現在」，不要再滿口以前怎樣怎樣，我說以前的人還騎馬咧，那你為什麼不騎馬要開車？

我對帶年輕「小兵」的想法：

- **給使命和感受：**工作技術學就會，

重點在他要有喜歡、想去的方向。以我來說，我喜歡我的團隊走路有風的感覺，所以我好還不夠，讓「團隊夥伴一起好」是支持我的動力。

- **為自己儲備資源：**讓他了解所有認識的人脈、學到的技術，都會變成一輩子的資源。就算是愛滑手機的員工，也鼓勵他可以和客人加LINE，當作以後的名單。按照時下企業多角化發展的速度，什麼時候忽然要做什麼都很難講，以一個經銷商的角度經營自己，公司要做什麼都OK。

主管都不放棄我了，我更沒有理由放棄自己

這一章到這裡，都是以我的角度在看業務管理，那麼被帶的人怎麼看呢？幫我寫書的文華也採訪了同事小凱，就是在第三章講到本來要折兩萬、後來改分成十份去跑十個客人那位。

故事背景發生在小凱剛調來我這課初期，遇到了瓶頸，業績掉到危險邊緣。下面換文華採訪小凱的問答，更清楚知道當事人的感受。

華：「可以說一下熱炒吃到半夜十二點是怎麼回事嗎？」

凱：「上個月有一天，娜姐談case回來都已經晚上九點了，簡副所也在等，我那時也在公司忙一下事情，我們三個人剛好都要下班了，她們就找我去吃飯。我覺得我一個業績都快掛的人，她們還願意花時間在我身上，陪我到半夜十二點，覺得不能對不起她們。」

華：「為什麼有這種感覺？」

凱：「她們都不放棄我了，我更沒有理由放棄自己啊。娜姐又跟我們講了很多更深入的銷售技術。看到兩個女生也都奮戰到那麼晚，我身為一個男生，怎麼可以輸她們。」

華：「那一天之後你自己發生什麼改變？剛提到你的資源配置做了調整，還有什麼事情和以前不一樣？」

凱：「企圖心，會真的更強。再來商談的方式也有改變。」

華：「比方說？」

凱：「比方說現在就是不管有沒有要買，就當作交朋友。認為他是來跟你交朋友的，態度自然很多。」

華：「還有嗎？」

凱：「業務當然就是要跑啦、要動啦，你的氣場才會循環。人家說你走出去才會有新的路，以前就是局限於原本那些客人在走嘛。」

華：「開發方式有什麼不一樣？」

凱：「其實也沒什麼太大的變化。」

華：「自己跑的數量變多？」

凱：「嗯，跑的數量變多。」

華：「可是你跑的數量變多，名單要從哪來？」

凱：「就是在介紹這一塊。過去比較害羞一點，不會去發名片；現在去到客人公司那邊，看到人就直接發，所以我出門都帶一疊。」

華：「這個也發生在一個月前？」

凱：「對。再來不管有什麼小聚會，或者大型飯局，就連去吃個路邊攤，也都一直在發名片。」

華：「那你這樣算起來很快耶，一個月之內就變了。」

凱：「對啊。」

華：「名片費用是自己出嗎？還是某一個比例自己出？」

凱：「都公司負擔，所以就無本生意啊。」

華：「不過你以前比較沒有善用這個資源，現在比較……。」

凱：「對，以前不會去做，現在會了。」

華：「你從一個邊緣線的人到業績成長五〇％以上，回到安全區，你覺得原因在哪？」

凱：「我覺得是團隊的向心力，這真的很重要。以前遇到困難就覺得算了不要了，整個人會沒鬥志。可是調到這個課，那個鬥志是大家都非常想要。」

華：「群體的氣氛會影響你？」

凱：「對，我覺得這真的是最重要的，因為不想輸啦。我不想讓人家看你一輩子就是這樣的咖而已。」

華：「她們說你出勤時間也有變動？」

凱：「對。」

華：「你以前比較正常上下班？」

凱：「對，以前是早上八點半到晚上六、七點就走了。」

華：「現在是……？」

凱：「上班時間按規定是一樣的，可是我會另外弄自己的事情，或者順路去跑跑客人。還有啊，現在等商談的空檔，會用零碎時間發簡訊給客戶，或者一早到公司先看當天的客戶哪一天生日，因為公司電腦系統會提醒。」

華：「這些事以前都沒做？」

凱：「沒有。」

華：「這些是問娜娜的嗎？還是你自己意識到，所以發生的事情？」

凱：「娜姐沒有講，我從她身上看到的。」

華：「你看她的作息學的？」

凱：「不是作息，是伏地挺身。」

華：「等一下，你是看了伏地挺身引發了這些想法？」

凱：「對，規律！她每個時間點要做什麼事，都很規律。」

「身教」影響氣氛，氣氛影響業績

節錄這一段不是說我們多厲害，而是對待任何一個同事，只要能力範圍內，就有義務協助他進步再進步，所以我常說當主管有「社會責任」。前面的常態分布強調如果可以，盡力幫中間的人往右邊移動，那有時候也會有中間的人掉到左邊，怎麼辦？先了解原因，再看怎麼處理。

當時小凱遇到瓶頸有一小段時間，簡副所和我都看在眼裡，剛好有個機會，吃個熱炒順便聊一聊，從陪伴到給技術，讓他再跑回中間。雖然是中間偏左，是不是比從左邊直接掉出去好多了？更好的是，他自己找到動力、找到方法，也享受到成果，得到成就感，公司、團隊、他自己三贏。

團隊相處像家，主管是父母，父母的身教比言教更有說服力，你怎麼做，員工都在看。我們用心陪伴，連他自己都說：「她們都不放棄我了，我更沒有理由放棄自己。」還有，想不到我做伏地挺身，會讓他從規律聯想到怎麼分配時間，改變了以前知道卻做不到的行為。

娜娜的十倍勝超業思維

- 主管不只是要教部屬怎麼做，還要同步腦袋，教他怎麼想，讓他懂一個狀況，而不是一個事件。
- 衡量業務價值的是業績，不是打卡時數，有方法的努力才有意義。
- 常分享成交的甜蜜點，請同事自己分析過程裡看到什麼、聽到什麼，這些細節才是令人進步的關鍵。
- 團隊裡不會人人都強棒，主管要認清事實，分類帶領強弱棒。
- 團隊相處像家，主管是父母，父母的身教比言教更有說服力，你怎麼做，員工都在看。

第七章

達到十倍勝的超業聖經

1 舒適圈沒有不好，別急著跳脫，而是擴大

二〇二〇年八月十八日，新冠肺炎（COVID-19）對全球經濟影響的警報還沒解除，我最後一次參加公司的業績競賽「抗疫力士挑戰賽」，依然拿到第一名，為業務員生涯畫下完美句點。九月起，調到和泰集團旗下新公司和泰移動服務擔任協理，負責招募計程車司機加入新成立的「yoxi 車隊」，以及相關的行銷事務。換句話說，個人的銷售數字暫時告一段落，往後取而代之的是新公司的整體業績。

前一本書《賣車女王十倍勝的業務絕學》最後一篇，我用金庸《笑傲江湖》裡風清揚教令狐沖的「無招勝有招」收尾，意思是招數是死的、應用是活的，學東西不用拘泥標準動作，實戰才是最好的老師，從仔細觀察迅速找到破綻，不管對方再厲害，都能遇強則強，克敵致勝。這本書我再放大一點，聊聊

從一九九七年進TOYOTA至今淬鍊出來的觀念。

以戰養戰，擴大舒適圈

「跳脫舒適圈」是近幾年流行的說法，從英文comfort zone而來。以前沒這麼文謅謅，你會聽人說「應該要去做點不一樣的」。不管英文中文，意思都是指不要一直待在一個圈子裡，要踏出去挑戰新的事情。

這個觀念有一個地方可取，就是要「動起來」。人待在固定的地方、接觸固定的人、做固定的事，久了以後沒有新刺激，容易失去熱情、跟不上時代，再跟他講要「與時俱進」，聽得懂卻做不到，所以踏出去是對的，可是怎麼踏要想一下。

在我認為，舒適圈沒有不好喔，你原來熟悉的人事物都是資產，要以這個圈圈為圓心向外延伸，因此我才說不要跳脫要擴大。人應該越過越爽不是嗎？放著已經擁有的不好好經營，刻意為了不一樣而不一樣，可能不是最有效率的做法。

以我為例，因為賣車進了汽車產業，在賣營業車的過程裡接觸計程車的圈子，於是一邊深入車行生態，一邊連結貸款、保險、維修、配件到二手車等上下游，讓舒適圈從單純的賣車業務員擴大到汽車產業的價值鏈。做一件事、成交一個人，上下裡外都有資源對應，優勢就比一般的業務高出一段；有了資源的優勢，速度快、品質穩、人面廣，客人做什麼都想到我，口碑推薦不斷，又帶動銷售成績，我一樣很舒適，生活圈和生意圈同步越滾越大。

同樣概念，不管你是做保險、做房仲，還是洗頭妹或零售店員，**你的產業**

一定有上中下游，去了解他們在做什麼，裡面有哪一塊是你可以切入的。然後，觀察你平常銷售的客人可以分出哪些客群，以「類型」會比只用收入來分更好，也就是說只看低、中、高收入，不如分出哪一種類型或職業別，更容易融入他們的世界、懂他們的需求。好比只鎖定有錢人不夠，有錢人分很多種，有企業第一代白手起家的老闆、有富二代小開、有做投資暴富的、有科技新貴賺配股的、有愛喝愛玩的、有養生的、有節儉的、有花錢像喝水的……你適合哪一種？

結合產業和客群，做點排列組合，幫兩邊拉線，就可以有效擴大你的舒適圈（如下圖）。

產業上游		客群類型 A
產業中游	我	客群類型 B
產業下游		客群類型 C

▲ 結合產業和客群，幫兩邊拉線，就可以有效擴大舒適圈。

2 多給客戶兩個垃圾袋，竟讓我多賣一輛車

做業務的壓力大不大？有做過的一定知道，沒做過的，做幾天可能就受不了。來，寫一下你到底是因為什麼感到壓力。

像下面這張圖，九宮格中間寫了「壓力源」，周邊還有八格，業績最多占一格，那麼還有七格會是什麼？我在帶企業工作坊的時候，就算旁邊有主管有同事，學員在靜下來寫的時候，大部分會寫出平常很少對人講的苦惱，比方說和主管的相處、家人、房貸等生活上的事，往往才是最感到壓力的地方。甚至，還碰過有人寫「寵

	壓力源	

▲ 壓力源九宮格，另外八格你會寫什麼？

物」的，問他為什麼，他說因為獨居又很愛狗狗，但業務的工作時間很長，常會擔心牠們在家裡的安全問題。

壓力寫完，反過來想想看，哪些力量支持你到今天還在工作崗位上？

這兩張一比對，通常很有趣的是**壓力反過來往往剛好是推力**。比如那位愛狗的朋友，支持他一直做業務而且業績很好的原因，正是狗狗。他說，賺到好的收入，可以給「毛孩子們」買好吃好玩的、住在舒服的房子裡，他就很有動力。也有每個月背房貸背得很辛苦的，回到家看到太太、小孩，一家和樂的感覺，再累也甘願。

我常說業績做得好不好只是表象，原因時常在生活。成績好的業務，大部分在想法上會比

	支持的力量	

▲ 支持的力量九宮格，壓力反過來往往就成了推力。

較特別，有他相信的東西，才能突破現實環境裡的限制。以我來說，壓力超級無敵大的另一邊，是我更清楚像是個人的榮譽感、給家人安穩的生活、給公司團隊信心這些支持的力量更大，推動我不斷找方法、找資源來拓展業績。

你的好，要讓客人知道

要維持長期動力，最重要是找到支持的力量，其次我提供一個小祕訣：讓客人知道你的好，他會看見你、感謝你，等於隨時給我們充電。

這是我在二〇一六年七月賣一百零二

輛的事。因為一個垃圾袋，我隔天又多賣一輛。故事是這樣的：

某天，一個計程車司機（張大哥）來，他說想買車再賣中古車。商談後，我很快把他中古車估好了，然後對他說「不然你把車留給我」，以免像連續劇演的「夜長夢多」。高價商品像汽車、房屋有時會遇到一夜翻盤的情況，客人下訂回去以後不知聽了什麼、比了什麼、想了什麼，隔天會忽然改變心意，不只影響我們的業績，還影響時間和情緒，所以我習慣速戰速決。

「我車上還有東西啊。」他說。

「沒問題，我拿袋子給你裝。」我馬上跑去拿了兩個黑色大垃圾袋給他。

這裡先跳一個狀況題：要不要幫他一起清理車子，然後裝袋？

在企業內訓，有的人會說要，因為加強他對我們好服務的印象；有人說不要，因為很麻煩。我偏向不要，原因是一來我們要花時間，二來萬一東西掉了，請問責任算誰的？這個道理和不要幫客人牽車去保養一樣，花時間又要擔責任的事，不是業務員該做的。

那麼接下來要怎麼不去幫他裝，又讓對方感覺我服務好？答案是：用問句引導他講出來。

「大哥，我怕一個袋子不夠，可能有尖尖的東西會戳破，特別給你再套一個，這樣比較堅固。你看只有我會這樣幫你套兩個，別人不一定會，我有沒有很貼心？」我說。

「喔喔，有喔。」他點點頭。

「這樣跟我買車，是不是特別不一樣？」我笑著繼續問。

「嗯，有啦有啦。」他想一想，也笑了。

套兩個袋子有特別偉大嗎？好像也沒有。可是別忘了這也是服務的一環，要**用問句讓對方說出你想聽的話**，同時讓好印象在他腦袋裡再轉一次。不要小看這個動作喔，你看情侶啊、夫妻啊，有人每天早上看著另一半幫他削水果、弄早餐，幾十年下來覺得理所當然，從來沒有感激有沒有？等到有一天他自己弄，才發現一點也不簡單，而且要把東西弄得美美的，是日積月累的功夫。

要引導別人來稱讚我們，先要時常稱讚別人，比如我去餐廳，喝不完的湯要打包，他們都會用兩個袋子，我就說：「姐啊，厲害！妳沒這樣裝，我回家可能都打翻了。」換成你是她，聽了會不會笑出來？還沒完喔，我看她打結打得漂亮，再來一段：「喔~妳綁這個超美的，先前我來那次，那個弟弟不知道在包什麼，二二六六的（臺語：離離落落，零零落落、不成樣子的意思），跟我差不多。」她聽到又更開心了。

我很容易在任何小地方稱讚別人，不是刻意，單純是看到他真的比我厲害就大方稱讚他，讓他覺得「原來我這麼棒」，所以我不管到哪裡去，從老闆到服務生都很快會記住我。用稱讚來營造快樂氣氛，其實很簡單。

說回我幫他套兩個袋子的張大哥，他自己弄好以後，拎著黑色大袋，在我們營業所前面叫輛計程車就回家了。

隔天，來了一個李大哥，進門指名說要找我，自稱是別人介紹的。我問是誰，他說是一位計程車司機，但講不出名字，只知道姓張。聊了一陣，發現他對價錢很熟，我想是不是比價過了才來，他說沒比過，會這麼了解價錢，是因為「昨天那個客人拿個垃圾袋搭我的車，然後跟我說我這輛超舊叫我要換，還告訴我現在有什麼優惠，背得滾瓜爛熟很厲害」。

「他怎麼會跟你介紹？還有，你怎麼這樣聽一聽就來找我？」我好奇。「啊那個人就說妳連垃圾袋都幫他用兩層，很貼心。」他把昨天的過程又講一遍，「連這麼小的地方都注意到，我就想說妳服務很好，來問問看。」

你覺得客人是因為我做了很多而覺得服務好嗎？**一般人講的服務好**，你再仔細回想一下，**其實是「感覺好」**。有時候跟客人講一句對的話，比做十件事更有效，所以我常說你做了什麼用心的事情，哪怕再小，都要像送禮一樣，透過你的嘴說出來，讓它發光發熱，叫做「你的好，要讓客人知道」。你永遠不知道在你做的事情裡，哪個點觸動客人的心，說出來，就有機會傳播出去，接觸到對它有感覺的人。

誰想得到，多套一個塑膠袋，隔天就幫我多帶了一個客人。這樣做業務，賺業績又賺無形的鼓舞，也是支持我的動力。

3 畫三個圓，成就更好的自己

時代在進步，銷售這件事不再是人的專利，從速食店買個漢堡改成自己在機器前面點選再刷卡，到以往限制重重的保險，現在用網路下單又快又便宜，風潮轉換常在不經意間就發生。更恐怖的是，越來越多年輕人寧願和機器打交道，也不想跟人說話。

我在幾年前演講時就說過，有一天賣車會變成像販賣機一樣：客人買車到展示間來，對著機器先選國產車還進口車，然後點選排氣量要幾C.C.的。好比我們買輛一千八百C.C.的國產車，規格、配備、價錢自己看，電腦顯示一定是正確的，還不會像人一樣會講錯。接下來就是最重要的「殺價空間」：

- 折價一萬元請按1。
- 折價二萬元請按2。

- 折價三萬元以上請按3。

你會按幾？當然便宜越多越好，按「3」對不對？可是寫系統的人早就想到這一步啦，當你按「3」，它會跳出「請重新選擇」把你退回上一個畫面，選到符合它設定的才能買。買好以後，掉一張「交車專員陳娜娜」，憑著單子再找我取車。

幾年前當笑話說的寓言，如今國外的電動車品牌已經在推動。車子這樣，房子可不可以？

人贏機器的優勢：「會動」

用機器賣東西，好處是精準、不囉嗦、全年二十四小時無休又好維護，請幾個工程師可以顧幾十到幾百臺機器，不像業務員動不動遲到早退，還給你耍脾氣。那麼有沒有想過，為什麼公司還要用「人」來做銷售？

演講時，很多人會說「有溫度」，然而你有沒有想過，溫度有高的也有低的，有的業務昨天才和另一半吵架，今天早上又被老闆「釘」，那個臭臉對著客人，零下十八度也是一種溫度你知道嗎？換成你是客人，對著零下十八度的臭臉，不如找機器買。

說到底，人的優勢在「會動」啊。最基本的，我們要把公司原來的客戶鞏固好，然後更重要的是想辦法讓隔壁的客人變成我們的客人，這樣才有不可取代的優勢。用速食店當例子，機器再厲害，也只能讓本來就想吃漢堡的人走到店裡來，加快購買速度，它必須結合其他行銷活動，否則沒辦法讓客人自己回購，或者本來想吃滷肉飯的跑來吃漢堡。但是人可不可以？可以喔，這是機器做不到的事。

下頁兩張圖，是二〇一九年五月《商業周刊》對我的專訪。他們做事非常認真，從網路搜到我的成績，聯絡後到新莊營業所來，採訪我的同事、客人、現任主管、前任老闆，還跟著去聽企業演講，最後歸納「當顧客的快樂販賣機」，真的很貼切。業務員是不是販賣機？當然是，要不然只是介紹機而已，不過不是按一按、刷個卡就掉東西下來那種販賣機，而是賣快樂、賣好感覺給客人的販賣機。

比規格、比價錢，網路比人好用；比專業，很多客人比我們懂，不用跟他拚知識，反而要留空間讓他教我們。現在科技發達、製造技術好，產品的穩定度高，像TOYOTA 新車跟誰買都差不多，買回去以後，品質又好到不容易壞，用不到什麼服務。這些因素加一加，**「跟誰買比較開心和放心」**成了關鍵，這也是我認為業務員要賣快樂的源頭。

要當快樂販賣機，自己要先快樂，就像我前面說的，從生活做起，你的生活開

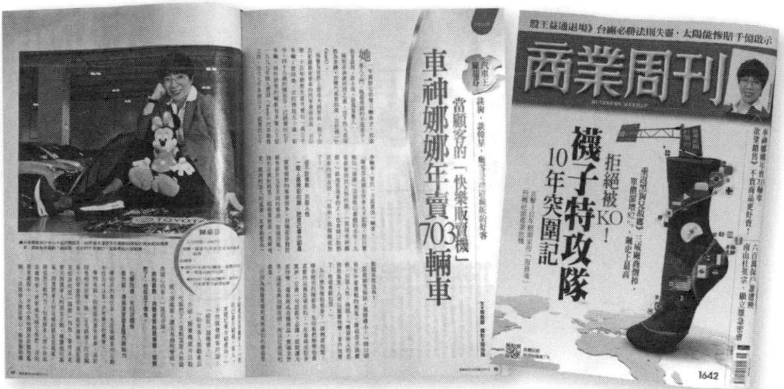

▲ 2019 年 5 月《商業周刊》專訪我，還上了封面。

心、人緣好，自然散發對的磁場，吸到對的客人。

畫三個圓，看見自己的好

「自己要先快樂」聽起來簡單，做起來很難。教你畫三個圓來看見自己的好，再放大這些特點，很快就能培養自信和獨特的風格。

第一個圓：分出喜歡我的人、還沒喜歡我的人（如下圖）。

首先要認清一個事實：沒有人能討好所有人。就像選總統，不用全部的人同

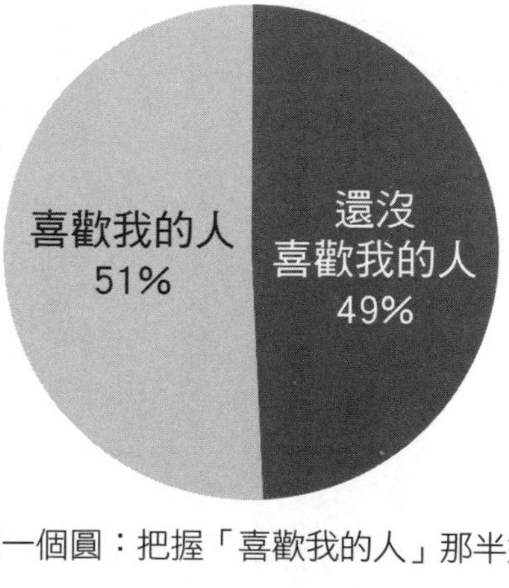

▲ 第一個圓：把握「喜歡我的人」那半邊。

意才能當選，只要同意的比不同意的多，五一％對四九％就當選啦。沒投你的四九％，討厭你的確實有一部分，還有一部分可能只是不清楚你的好，所以我說「還沒喜歡」。用時間慢慢融化他們，裡面會有一個比例變成喜歡你的，這樣加一加，七、八〇％站在你這邊，你的圈子就會越來越大。

為什麼講這個觀念？是因為很多人會把喜歡你的五一％視為理所當然，卻被相對少數的四九％弄得情緒低落，這是不對的。應該把握喜歡你的朋友，和他們好好往來，再用這樣的心態去對待還不懂你的好的人。當你的情緒處在正面的時間比負面多，自然而然會改變別人對你的感覺。

第二個圓和第三個圓要一起畫：圈出成交和沒成交的客人，兩個之間會有交集，那是他們口中**你的優點**（如下頁圖）。

如果把自己當成商品，自己說多好多好，不如讓別人來說。從別人的眼裡看自己，更能代表我們在人家心裡的形象到底是什麼樣子。做業務有一點很好，就是我們每天會接觸很多人，以下的方法用在客人身上最好。

◎第一種情境，在**商談成交後問客人**：「請問一下，剛才一路談下來到簽約，你覺得我哪裡好？」

客人會向你購買，除了產品好、條件可以之外，通常對你會有不錯的印象。打鐵趁熱，問他對你的感覺，往往會得到正面的答案，比方說有自信、很實在、談吐不俗，包括長相好看、身材好也是特點。

◎第二種情境，**商談沒成交，一樣問客人**：「除了價錢那些條件不說，請問你覺得我哪裡好？」

現在的人很現實，不喜歡你的話，講個幾分鐘就說有事情走了。能談幾十分

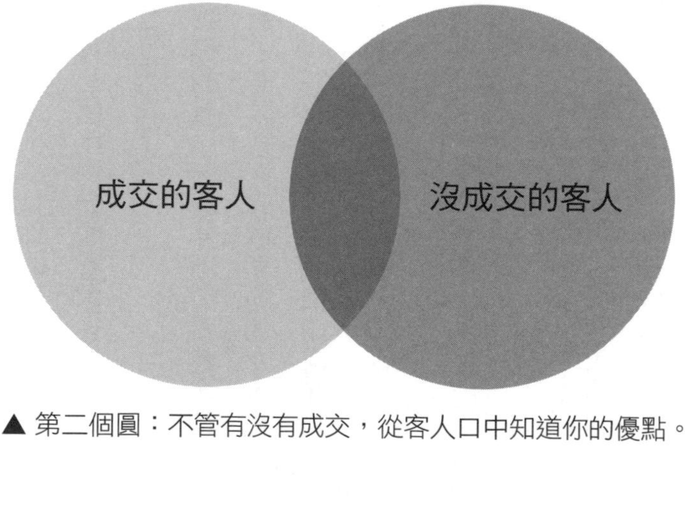

▲ 第二個圓：不管有沒有成交，從客人口中知道你的優點。

鐘甚至一、兩個小時，至少不討厭你，我們反正時間都花了，當然要他留下代價，做點意見調查。

注意喔，這裡要問：「你覺得我哪裡好？」不要像有些主管帶年輕業務一起談 case，竟然對客人說：「你看我們這個年輕人有哪裡還不夠好的，我們改進。」開個玩笑，這個講法像夫妻吵架，一方指著另一方說：「我都做到這樣了，你還覺得我哪裡不夠好」，一挖下去，越挖越大洞、越嫌越起勁，雙方腦袋都在轉壞的經驗，弄到後面不離婚都不行。如果反過來問：「你還記不記得，我們那次去哪裡玩、聊到什麼什麼，不是蠻好的嗎？」腦袋開始跑出甜蜜畫面，說不定講一講就沒事了。

商談場合，近距離、眼睛看著客人問：「請問你覺得我哪裡好？」他再怎麼樣也會硬擠一點東西出來，好比認真、實在、細心之類，拿這些看法和成交客人的比對，一定會有共同之處，這些交集就是你的特點。往後待人處世上，要記得放大這些點，一段時間以後，就會變成你被別人辨識的優勢。

岔個話，有時候我看年輕業務談 case 沒成交，會走過去說我是他的主管，

「除了價錢那些條件不說，請問你覺得我們這個年輕人哪裡好？」當客人說出他的觀感，我會順勢回應：「既然我們這個年輕人還不錯，一定是剛才有些地方沒弄好，是不是再協調一下？換別的業務，條件不一定比較好，又要浪費時間重新談，不如我們現在就處理。」用這個方法，既蒐集客人意見，又創造第二次銷售機會。

不管演講、內訓、網路，甚至包含看過第一本書的朋友常會問我：「娜娜姐，我要怎樣才能像妳一樣好？」這個問題要回歸到不僅老天給每個人的天賦、特質不一樣，甚至同一個人在不同時期的狀態也不會一樣：二〇一三全年賣出七百零三輛車的我、二〇一六年單月賣出一百零二輛車的我、二〇二〇年在新冠肺炎期間以競賽第一名畢業的我，都叫娜娜，要像哪一個版本？

我懂這些朋友們要問的，事實上，你不用像我，像你自己最好。以做業務來講，我的氣勢強、動作快，創下了很多紀錄沒錯，可是並不是所有客人都習慣我的作風。

我就碰過和同事一起跟客人商談，講到都要簽訂單了，同事還在刻鋼板似的寫報價單，依我的個性早就受不了，沒想到客人說這樣很好，慢慢的、很仔細，令人很安心，他說我的速度反而讓他覺得太快了，不放心能夠做好細節。也有客人喜歡輕聲細語溫柔型的，對我的「霸氣外露」感到有壓迫感。臺灣俗語說「一種米養百樣人」，換個角度，每個業務都有適合他的客群。

重新定義一下這個問題，應該是：「要怎麼樣才能成為最好的自己？」就用前面講的三個圓，把時間花在強化特點，效益要比改變弱點更高——**沒有人是完美的，把自己天生的才能發揮到最好，進而帶來績效，就是好業務。**

4

成功有方法，沒有SOP

這本書到這裡，我講了很多故事、很多技巧，希望你學到裡面的一些想法。事情本身，記得很好，忘掉也沒關係，像金庸《倚天屠龍記》張三丰教張無忌太極劍一樣：

只聽張三丰問道：「孩兒，你看清楚了沒有？」張無忌道：「看清楚了。」張三丰道：「都記得了沒有？」張無忌道：「已忘記了一小半。」張三丰道：「好，

要學成功人士的SOP。
迷思
要學成功人士的思想！

那也難為了你。你自己去想想罷。」張無忌低頭默想。過了一會，張三丰問道：「現下怎樣了？」張無忌道：「已忘記了一大半。」

招式怎麼打其次，重點在原理是怎麼想出來的。人都喜歡看成功故事，從傳統的報章雜誌到現在網路轉貼文章，好像跟著步驟一二三四五就可以成功。願意學習很好，不過比起可以跟著操作的ＳＯＰ，我通常會把注意力放在他們為什麼這樣「想」，因為**想法影響行為，行為影響成果，了解最源頭的想法，會帶給你更多收穫。**

期待你從這些招式背後的觀念，悟出屬於你的獨門武功。

娜娜的十倍勝超業思維

■待在舒適圈沒有不好，你原來熟悉的人事物都是資產，應該以這個圈圈為圓心向外延伸、好好經營原有的，擴大你的舒適圈。

■壓力的另一邊，往往是支持你到今天還在工作崗位上的力量。

■找到支持的力量，就能維持長期動力。我的小祕訣：讓客人知道你的好，他會看見你、感謝你，等於隨時給我們充電。

■業務員不是介紹機，而是賣快樂、賣好感覺給客人的販賣機，因此自己要先快樂。當你的生活開心、人緣好，自然會散發對的磁場，吸到對的客人。

■沒有人能討好所有人，你應該把握喜歡你的朋友，和他們好好往來，再用這樣的心態去對待還不懂你的好的人。

■從別人的眼裡看自己，更能代表我們在人家心裡的形象，所以自己的好，不如讓別人來說。

結語

每天做這七件事，生活與事業都可以拿冠軍

從二〇一四年登上《蘋果日報》，開始有公司行號找我去演講、上課、帶工作坊，到出這本書的二〇二〇年第四季，累積超過兩百場、聽眾破五萬人次，去過的行業也不限原本的汽車、房仲、保險、傳直銷這類業務型的公司，連醫美診所、美容美髮業、國際廣告公司、全球前五大藥廠都有，幾乎每個場子都受到熱烈歡迎，講幾個小時都不夠，邀約會後吃飯繼續交流的太多太多。大家要的，主要是連接我的正能量，覺得很受鼓舞。

我常說學到的東西要常常用，不然只是欣賞一場華麗的演出而已。曾有一位業界老朋友發展得不太順利，我一對一幫他上了幾次課，他得到很大的力量，企圖要再振作。不過當我給他「考試」，要他聽了我教的話術情境照著反覆演練，他頻頻卡住，顯示練得還不夠多，沒把所學融入到他的生意裡。打個

比方，他看我演得很順，看到忘我，沒覺察到等我們各自回家，他才是每天要面對自己人生的主角。

初學新東西，好比我教你一段話術、一個觀念，你會覺得很興奮，能量忽然強起來，但是後來「消風」（臺語，弱下去的意思），為什麼？第一點，沒常常做；第二點，我能給你的能量，你沒辦法自行「回充」。

大家都忙，有空的時段不一定對得上，更不用提久久一次的演講邀約，所以這種東西是要自己給自己的，就好像我每天都告訴我自己「我愛妳」、「我可以」，我自己來愛我自己最快。人生不要等來等去，等別人給你能量、給你愛、給你機會，要等到什麼時候？

當一個人可以愛自己的時候，就是滿足了。我說的不是只有做業務，在你的生活、事業、家庭、感情……各個面向都相同。假設我今天很開心，把那個快樂情緒蒐集起來之後，要不斷的給自己那種愛的感覺，或者像我今天對你演講，還是你讀到這段，幫你提升能量了，你開始覺得有一點鬥志，知道可以因為這樣子發生改變了，要記得持續幫自己回充能量。

怎麼回充？每天和我一起做這七件事：

一、對自己說「我愛你」：可以一早起來對著鏡子，也可以任何時候在心裡跟自己講。

二、對自己說「我可以」：在外面高呼口號，時常是假的；喊口號如果有用，怎麼會有人做不到目標？與其盲從，不如自己默默為自己加油打氣。

三、主動打招呼：不只對同事，認識的、不認識的，包括路上等紅燈的、電梯碰到的人都可以。說個早安、說個你好，自己心情會先好。要習慣對陌生人說話，從這裡開始。

四、主動稱讚：一樣不只對同事，認識的、不認識的都可以，從外型、服飾到動作、特點……不需要刻意，覺得別人有好的地方就說出來讓他知道。看到對方開心的樣子，我們也會跟著開心。

像我常扭不開寶特瓶的瓶蓋，請人幫忙，看人家一轉就開，馬上冒出：「哇，真厲害！」對方覺得哪有什麼，不過開個瓶蓋而已，但我真的認為很不簡單，他做得比我好，稱讚只是自然反應。他接受到我的稱讚，淡淡一笑裡面，看得出是高興的；我也從他的笑容裡，覺得自己的稱讚給了別人鼓勵，這種互動的感覺很棒。

五、感謝公司：我在一九九七年剛進公司初期，可以說一無所有；二十一年後，在二〇一九年和泰年度大會上獲頒累積販賣第一名時，生活上一無所缺，這一切都是公司和我相互成就的。到二〇二〇年八月業務生涯暫告段落為止，二十多年來，我從沒為了賺一點價差，而在非官方配件廠裝過一臺DVD影音這類配件；二〇一七年集團併購蘇黎士產險成立和泰產險後，保單也全推和泰產險。這麼做的原因，一來效忠公司，二來對公司品質有信心。我始終認為，公司先有賺，我們做員工的才能賺得更長久。

六、**感謝你的神**：每個人信仰不同，佛祖、耶穌、阿拉……都可以。像我有拜五年千歲王爺，時常說「王爺會做最好的安排」。不管發生什麼，有個信仰、常存感恩，心情會比較安定。如果你沒有宗教信仰，感謝老天也是一樣的。

七、**享受「隨時的第一名」**：業務員若只靠業績第一名來肯定自己，風險也太高了。一個月才公布一次，如果沒拿到，失落期又延長一個月，算下來一年開心不到幾次，何苦？人生的第一名不是只有業績，也不是要環遊世界、開超跑、買飛機才叫成功。

像我喜歡在生活裡給自己很多小競賽，比方說從家裡到公司，開車十五分鐘車程也設導航，在安全前提下稍稍開快一點，比GPS早一分鐘到也開心，封自己賽車第一。或者，我連上廁所也要比別人快，看一排人差不多時間進廁所，我一定要弄很快，出來後看別人還在裡面，就覺得自己拿了上廁所第一。

習慣在大大小小的自我競賽裡拿第一，每天都過得很有成就感，工作上的業績不過其中之一，就算偶爾沒拿獎也不影響鬥志，反正長期下來，我還是最終贏家。這樣生活、工作「混搭」，讓我一直保有高能量，越做越有戰鬥力。

業務從生活而來，在這本書最後，就像我在開場說的，祝福你和我一樣，開心工作，快樂生活，每天都給自己按個讚！

國家圖書館出版品預行編目（CIP）資料

超業思維，想出十倍勝業績：心電圖成交法、負負得正法、併桌練習法……亞洲賣車女王陳茹芬，贏十倍獨家觀念大公開！／陳茹芬著；鄧文華採訪撰文.--初版.--臺北市：大是文化有限公司，2021.01
320 面；14.8×21 公分.--（Biz；345）
ISBN 978-986-5548-27-8（平裝）

1. 銷售員　2. 銷售　3. 職場成功法

496.5　　109017297

Biz 345

超業思維，想出十倍勝業績

心電圖成交法、負負得正法、併桌練習法……
亞洲賣車女王陳茹芬，贏十倍獨家觀念大公開！

作　　者／陳茹芬
採訪撰文／鄧文華
責任編輯／張慈婷
校對編輯／馬祥芬
美術編輯／張皓婷
副總編輯／顏惠君
總 編 輯／吳依瑋
發 行 人／徐仲秋
會　　計／許鳳雪、陳嬅娟
版權經理／郝麗珍
行銷企劃／徐千晴、周以婷
業務助理／王德渝
業務專員／馬絮盈、留婉茹
業務經理／林裕安
總 經 理／陳絜吾

出 版 者／大是文化有限公司
臺北市 100 衡陽路 7 號 8 樓
編輯部電話：（02）23757911
購書相關諮詢請洽：（02）23757911 分機 122
24 小時讀者服務傳真：（02）23756999
讀者服務E-mail：haom@ms28.hinet.net
郵政劃撥帳號／19983366　戶名／大是文化有限公司

法律顧問／永然聯合法律事務所
香港發行／豐達出版發行有限公司
Rich Publishing & Distribution Ltd
香港柴灣永泰道 70 號柴灣工業城第 2 期 1805 室
Unit 1805, Ph.2, Chai Wan Ind City, 70 Wing Tai Rd, Chai Wan, Hong Kong
Tel：2172 6513　Fax：2172 4355　E-mail：cary@subseasy.com.hk

封面設計／王信中　內頁排版／江慧雯　封面攝影／吳毅平
印　　刷／鴻霖印刷傳媒股份有限公司
出版日期／ 2021 年 1 月 初版
定　　價／ 新臺幣 360 元（缺頁或裝訂錯誤的書，請寄回更換）
I S B N　978-986-5548-27-8